Iris Adams, Veronika Struck,
Monika Tillmanns-Karus

Kunterbunt rund um den Mund

Materialsammlung für die mundmotorische Übungsbehandlung

verlag modernes lernen - Dortmund

Wir bedanken uns bei allen Kolleginnen und Seminarteilnehmerinnen für ihre Anregungen und Ideen sowie bei Doris, Michael und Martin für ihre Unterstützung.

Zuletzt ein besonderes Dankeschön an unsere Fotomodelle Gero, Laura, Fabian, Simon, Anna, Laurenz, Thomas, Silke, Nadine, Maike, Michael, Lisa, Lena und Lotte.

Herstellung: Löer Druck GmbH, 44139 Dortmund

Fotos: Rosi Tillmanns, Martin Vedder, Jochen Steppacher
Titelillustration: Iris Adams, Veronika Struck

Bestell-Nr. 1905 ISBN 3-8080-0365-0

Inhalt

Einleitung

Wir wenden uns mit diesem Buch an Praktikerinnen[1], die nach neuen Spielideen für das orofaziale Muskelsystem suchen. Beim Umgang mit diesem Buch setzen wir theoretische wie auch detaillierte diagnostische Kenntnisse im orofazialen Bereich voraus.

Im Arbeitsalltag ist es oft mühsam, nach dem Aufstellen der Therapieziele einen Übungsplan zu erarbeiten. Das Suchen nach geeigneten, abwechslungsreichen Spielen gestaltet sich zeitaufwendig. Mit diesem systematisch aufgebauten Spielekatalog möchten wir den Leserinnen genau an diesem Punkt eine praktische Hilfe an die Hand geben.

Das orofaziale Muskelsystem ermöglicht eine Vielzahl von feinabgestimmten Bewegungsformen. Mit unserer Materialsammlung wollen wir gerade für diese Bewegungsvarianten ein vielfältiges Übungsangebot vorstellen.

Die Übungen sind geordnet nach den Förderbereichen Lippe, Zunge, Gaumen, Kaumuskulatur und Kiefer. Weiter wird unterteilt in die Kategorien Sensibilisierung und Kräftigung. Innerhalb dieser Kategorien finden Sie eine zusätzliche Differenzierung der Übungen in Spiele mit und ohne Material unter jeweiliger Angabe der Anzahl der Mitspieler.

Zu Beginn eines jeden Kapitels befindet sich eine kurze theoretische Einführung zum Förderbereich. Eine Zieleübersicht am Ende des Buches gewährleistet ein schnelles Auffinden von verschiedenen Übungen zu jeweils spezifischen therapeutischen Zielen im orofazialen Bereich.

Im zweiten Teil stellen wir Rahmengeschichten vor, die einen sinnhaften Zusammenhang für verschiedene Einzelübungen bieten. So lassen sich Übungssituationen zu einem motivierenden, phantasievollen Erlebnis in der Gruppe gestalten.

---

[1] Wir verwenden im ganzen Text die weibliche Form. Selbstverständlich sind dabei immer auch Kollegen gemeint.

Handhabung der Materialsammlung

Vor dem Kräftigen einer Muskelgruppe sollte deren Sensibilisierung und Bewußtmachung stattfinden. Die Aufmerksamkeit und Konzentration wird dabei auf die orofaziale Region gelenkt und die taktil-kinästhetische und propriozeptive Wahrnehmung dieses Bereiches gefördert.

Später können dann muskelstärkende Übungen hinzugenommen werden. Die hier angebotenen Spiele und Übungen aktivieren, mobilisieren und stärken die jeweilige Muskulatur. Sie wirken tonisierend und harmonisierend auf das orofaziale Muskelsystem und sorgen für eine gute Muskelelastizität. Eine gestörte orofaziale Muskelbalance wird positiv beeinflußt. Neue Bewegungsfolgen der Artikulationsorgane können entwickelt, vernachlässigte Funktionen in diesem Bereich wiederhergestellt werden.

Die Spiele sind innerhalb einer Kategorie in lockerer Folge aneinandergereiht. Im praktischen Gebrauch sollten jedoch keinesfalls mehrere Spiele nacheinander durchgeführt werden. Die Therapeutin kann ein individuelles Angebot zusammenstellen und einen rhythmischen Stundenablauf gewährleisten. Die Spiele und Übungen sollten so aufeinanderfolgen, daß zum Beispiel nach einer Übung, welche die Zungenmuskulatur stark aktiviert, eine Zungenlockerungsübung (z. B. Gähnen) angeboten wird.

In der angefügten Zieleübersicht sind alle Spiele und Übungen therapeutischen Zielen zugeordnet. Einerseits kann man hiermit Spiele und Übungen zu einem bestimmten orofazialen Problembereich zusammenstellen. Andererseits bieten wir diverse Spiele mit unterschiedlichen Medien an. Beispielsweise finden sich unter „Spiele mit dem Strohhalm“ Übungen, die unterschiedliche Funktionen fördern (Geschicklichkeit der mimischen Muskulatur, Atemfunktionen des Pustens und Saugens etc.).

Erläuterungen zu den Piktogrammen

Spiele und Übungen ...

für die Lippen

für die Zunge

für den Gaumen

für den Kiefer/die Kaumuskulatur

zur Sensibilisierung

zur Kräftigung

mit Material

ohne Material

Erläuterungen zu den Piktogrammen

Spiele und Übungen ...

mit dem Strohhalm

mit dem Knopf

mit dem Spatel

Artikulationsübungen/Wortlisten/Sprechverse

ohne Partner

als Partnerübung

in der Gruppe

mit beliebiger Anzahl der Mitspieler

I. Lippen

Die muskuläre Grundlage der Lippen wird von einem ringförmigen Muskel, dem Musculus orbicularis oris, gebildet. Durch seine feinverzweigte Faserstruktur ist er sowohl mit der Haut als auch mit anderen mimischen Muskeln fest verbunden. Senkrecht zum Lippenrot verlaufende Fasern ziehen die Lippen nach innen. In den Mundwinkel (vergleichbar einer Radnarbe) strahlen radspeichenartig den M. orbicularis oris umgebende Muskeln ein, z. B. der Wangenmuskel (M. buccinator), der Nasenwurzelmuskel (M. depressor septi), der Lippenheber und -senker (M. levator und depressor) und der Oberlippenquadratmuskel (M. zygomaticus) (Thiele u. a., 1992). Die mimische Muskulatur wird vom VII. Hirnnerv (N. facialis) versorgt.

Diese Muskeln bilden eine Funktionsgemeinschaft, die äußerst differenzierte Verformungen der Lippen, z. B. beim Saugen, Kauen, Artikulieren, Blasen etc. ermöglichen. Ober- und Unterlippe haben mittig an ihrer Innenseite ein Lippenbändchen (Frenula labii), das zum Alveolarfortsatz zieht. (Unter Umständen muß ein zu kurzes Lippenbändchen operativ durchtrennt werden.)

Eine pränatal entscheidende Entwicklungsphase ist die 4.-6. Schwangerschaftswoche, in der sich die aus zwei seitlichen und einem mittleren Teil zusammengesetzte Lippe vereint.

Die starke Verflochtenheit dieser verschiedenen Muskelgruppen bedingt eine hohe Anfälligkeit für Anomalien und Fehlentwicklungen. Bewegungseinschränkungen sind die Folge. In ihrem normalen Tonus haben die Lippen eine zentripedal gerichtete Haltefunktion für die Schneidezähne. Sehr oft findet man bei Kindern hypotone Lippen, die einen korrekten Mundschluß verhindern und einen schädigenden Einfluß auf die Zahnstellung haben können. Aufgeworfene, verdickte Lippen weisen auf eine unbewegliche Muskulatur hin. Weitere Fehlformen der Lippen sind z. B. die zu kurze Oberlippe, eingerollte Lippen oder verspannte Lippen.

Folge einer offenen Mundhaltung ist die Mundatmung, die wiederum negative Auswirkungen auf lebenswichtige Körperfunktionen (Haltungsschäden, Verdauungsprobleme etc.) hat. Fehlerhafte Angewohnheiten (Habits) sind in der Lippenregion häufig zu beobachten: Lippenlecken, -beißen, -saugen, -kauen oder das zu feste Zusammenpressen der Lippen zum Spannungsabbau in der orofazialen Region sollten durch Bewußtmachung und mit Hilfe der Spiele und Übungen abgestellt werden.

A. Spiele und Übungen zur Sensibilisierung der Lippen

1. Spiele und Übungen ohne Material

a. Massage

Die Therapeutin massiert, bestreicht, reibt, beklopft, betupft in kreisenden Bewegungen mit ihrem Zeigefinger (und Daumen) die Lippen.

Variation: Die Therapeutin spricht einen Sprechvers dazu.

b. Lippenlied

Auf die Melodie: Ich bin ein kleiner Hampelmann...

1) Wir sind zwei Lippen stark und schön, das kann ein jeder Mensch doch sehn.

Refrain:
Mal links (2mal schmatzen), mal rechts (2mal schmatzen),
mal auf (2mal schmatzen), mal ab (2mal schmatzen)
und auch mal klappklappklapp (3mal klatschen und dabei 3mal schmatzen).

2) Wir spielen und wir tanzen toll, davon wird uns der Kopf ganz doll.

Refrain.

3) Und sind wir müde, schlafen wir ganz nah und eng beisammen hier.

Refrain summen mit geschlossenen Lippen.

4) Und kommt der Morgen, sind wir wach und machen superlauten Krach. Refrain nur schmatzen.

(Beim Refrain sollen die Lippen sich in die jeweilige Richtung verschieben und so schmatzen.)

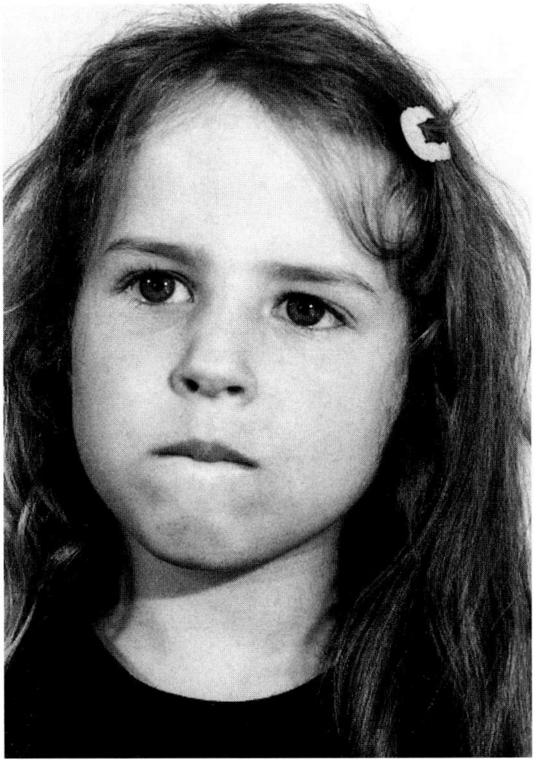

Lippengymnastik

c. Lippengymnastik I

1. Lippen breitziehen /i/ und Lippen vorstülpen /u/ mit leicht geöffneten Zahnreihen.

2. Dasselbe mit festgeschlossenen Zahnreihen.

3. Dasselbe mit geschlossenen Lippen.

4. Oberlippe über die Unterlippe ziehen und anschließend die Unterlippe über die Oberlippe ziehen und halten.

5. Lippen zwischen den Zahnreihen verstecken und wieder wie beim /u/ nach vorne stülpen.

6. Lippen zwischen den Zahnreihen verstecken und anschließend locker herauspusten zum „Brrrr" (Kutscher-R).

d. Lippengymnastik II

1. Mundwinkel ganz hoch zu den Augen hin ziehen (lächeln) und wieder lockern.

2. Mundwinkel ganz tief ziehen (Trauer).

3. Einen Mundwinkel weit zum Ohr ziehen und wieder lockern, Seitenwechsel.

4. Mit den oberen/unteren Schneidezähnen auf der Unter-/Oberlippe hin- und herreiben (Kiefer nach rechts und links schieben).

e. Lippenversteck

Die Oberlippe hat sich hinter der Unterlippe versteckt und schläft. Die Unterlippe weckt die Oberlippe und zieht sie dreimal lang in den Mund hinein. Aber die Oberlippe will nicht wach werden und versteckt sich wieder hinter der Unterlippe. Dann kommen die unteren Zähne zur Hilfe und ziehen die Oberlippe dreimal lang in den Mund hinein. Jetzt reicht es der Oberlippe. Sie reckt sich und streckt sich und stülpt sich plötzlich über die Unterlippe und zieht diese jetzt dreimal in den Mund hinein. Auch die oberen Zähne wollen mitspielen und ziehen die Unterlippe weit in den Mund hinein. Dann vertragen sich beide Lippen, fassen sich an und tanzen mal nach links, mal nach rechts, mal zur Nase, mal zum Kinn und rundherum im Kreis und verstecken sich beide schnell zwischen den Zähnen. Weil das so viel Spaß gemacht hat, klatschen sie sich selbst Beifall (Schmatzen).

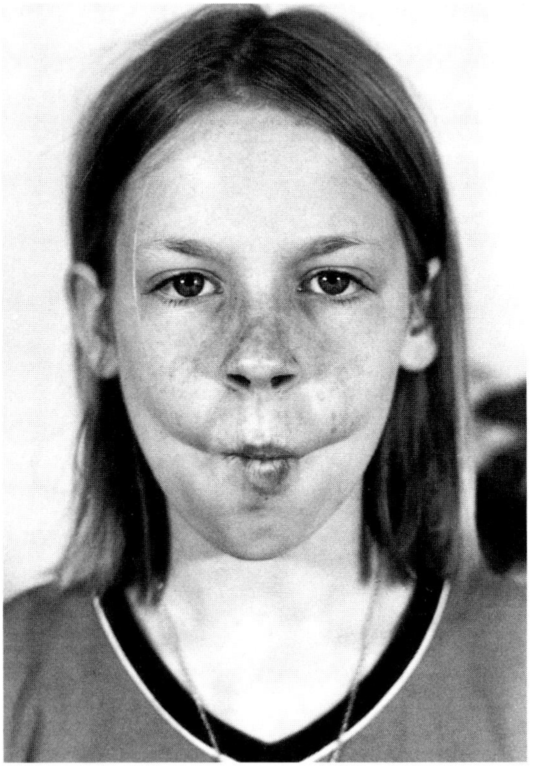

Häschen

f. Häschen

Die Wangen so weit wie möglich zwischen die Backenzähne einsaugen und dabei immer wieder kleine Lippenöffnungen mit leisen Schmatzgeräuschen produzieren. Kieferbewegungen (seitliches Verschieben) und Naserümpfen machen das „Häschen" perfekt.

g. Sprengen

Die Lippen fest aufeinander drücken und mit /p/-/p/-/p/ sprengen oder mit wenig Spannung halten und mit /b/-/b/-/b/ voneinander lösen.

h. Lippenliederraten

Der Spieler überlegt sich ein bekanntes Lied. Nun soll er dieses Lied nur mit Hilfe beider Lippen rhythmisch hörbar machen (Schmatzen mit mehr oder weniger Druck). Wer es erraten kann, ist als nächster an der Reihe.

2. Spiele und Übungen mit Material

a. Gegensätze

Das ganze Gesicht, speziell der äußere Mundbereich, soll sensibilisiert werden mit unten genannten Gegenständen. Dazu wird der Mundbereich (incl. Lippen) mit den Gegenständen umkreist oder betupft. Als Gegensatzpaare bieten sich dabei an: hart - weich, stumpf - spitz, kalt - warm, naß - trocken, rauh - glatt, vibrierend - ruhig:

Bürste - Pinsel, Rasierpinsel, Babybürste
Spatel, Q-Tip - Schaschlikstäbchen, Gabel
Eiswürfel, selbstgemachtes Eis am Stiel, Cold-pack - warmes Tuch
nasses - trockenes Tuch,
Zahnbürste (evtl. auch eine elektrische) - Löffel
Massagegerät - Löffel, Hand (ruhig auflegen)

Variationen: Den ganzen Körper mit einbeziehen. - Mit geschlossenen Augen raten lassen.

Donald Duck

b. Donald Duck

Eine ca. 8 cm große runde Backoblate wird halbiert und die beiden Hälften werden jeweils so zwischen die angefeuchteten Lippen gelegt, daß eine Hälfte an der Unterlippe und eine Hälfte an der Oberlippe klebt. Die Rundung ist jeweils außen, so daß ein Entenschnabel entsteht. Jetzt die Lippen öffnen und schließen oder damit sprechen: quak-quak-quak.

Variation: Als Gruppenspiel in ein Bauernhofspiel einbauen, in dem jedes Kind eine andere Tierart über Mimik, Geräusche und Bewegungen nachahmt und spielt.

c. Schnäbeln

Kleine Lebensmittelstücke (Rosinen, Nüsse, Mandeln, Äpfel-, Bananen-, Birnenstücke, Mandarinen, etc.) werden ohne Hände nur mit den vorgestülpten Lippen von einem Teller aufgenommen und an einen anderen Platz transportiert.

d. Clown

Dem Kind wird mit Schminke ein roter Punkt auf die Nasenspitze gemalt. Etwas von dem unten angegebenen Material wird auf einen Teller gelegt. Die Lebensmittel sollen nun an den angefeuchteten, vorgestülpten Lippen durch kurzes Auf-den-Teller-drücken kleben bleiben. Dabei darf die Nasenspitze keinen roten Punkt auf dem Teller hinterlassen, d. h. die Lippen müssen wirklich weit vorgestülpt werden.

Material: Schokostreusel, Sesam-, Sonnenblumenkerne, Leinsamen, Rosinen, kleine Obststücke, Kuchenkrümel etc.

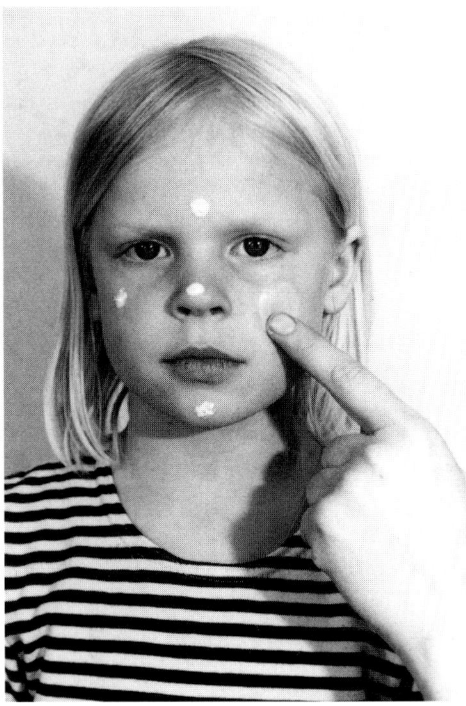

Schönheitssalon

e. Schönheitssalon

Das Gesicht des Kindes wird eingecremt, geschminkt, „rasiert“ oder mit selbstklebenden Punkten beklebt. Die Übung kann als Ratespiel (Wo creme, tupfe, streiche ich?) oder zur Sensibilisierung der mimischen Muskulatur durchgeführt werden.

Material: Creme, Spiegel, Spatel oder Wattebausch, Rasierschaum und Rasierpinsel, Schminkstifte, Klebepunkte, Papiertücher zum Abschminken

f. Schleckermaul

Lebensmittel (Honig, Streichkäse, Streichwurst, Marmelade, Joghurt, Obstsaft etc.) auf die Lippen streichen und ablecken lassen. Differenzieren: nur Oberlippe, Unterlippe oder beide Lippen. Anschließend Zähneputzen.

Variationen: In ein verrücktes Schminkspiel einbetten. - Über der Oberlippe bzw. unter der Unterlippe etwas auftragen. - Mit geschlossenen Augen ablecken lassen. - Raten, wo etwas hingeschmiert wurde und schmecken, was es war.

g. Summen

Für dieses Spiel braucht man einen Zahlenwürfel (oder Farbwürfel). Vor Spielbeginn wird entschieden, bei welchen Zahlen (oder Farben) gesummt wird. Es kann z. B. festgelegt werden, daß bei jeder 1 und 6 gesummt wird (oder aber bei Rot und Blau) und zwar so lange, bis der nächste Spieler eine 1 oder 6 würfelt (oder Rot und Blau). (Hierbei auf einen lockeren Lippenschluß achten!)

h. Küßchen

Die Lippen der Spieler werden mit einem Lippenstift angemalt. Die angemalten Lippen drücken verschiedene Lippenformen auf ein Blatt Papier. Schön bunt wird es, wenn unterschiedliche Lippenstiftfarben verwendet werden.

i. Wer kann das?

Die Lippen werden mit einem Lippenstift angemalt. Ein Spieler denkt sich eine Lippenform aus und drückt seine Lippen auf ein Papier. Die anderen Spieler werden aufgefordert, eine möglichst ähnliche Lippenform nachzubilden. Wer es kann, darf die nächste Lippenform vormachen. Evtl. werden Spiegel zur visuellen Kontrolle benötigt.

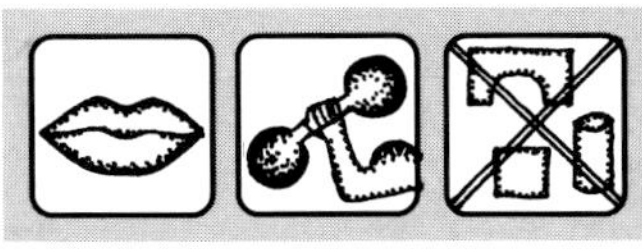

B. Übungen zur Kräftigung der Lippen

1. Spiele und Übungen ohne Material

a. Lippenstrecken

1. Oberlippe über die oberen Schneidezähne ziehen und wieder lockern.
2. Unterlippe über die unteren Schneidezähne ziehen und wieder lockern.
3. Wie 1. und zusätzlich krabbelt die Unterlippe über die Oberlippe und drückt und zieht sie noch weiter über die Zähne.
4. Wie 2. und zusätzlich hilft die Oberlippe.
5. Lippen fest geschlossen halten und Kiefer möglichst weit senken, also öffnen und schließen.

b. Chinesisch

Wir lernen eine Fremdsprache: Chinesisch!

Pi - Pa - Peng, Pi - Pa - Pang, Pi - Pa - Ping
Pi - Pa - Pong, Pi - Pa - Pung, Pi - Pa - Paung

Apa, Apä, Api, Apo, Apu, Apö, ...

Auf einen guten Lippenverschluß ist zu achten. Je nach Anforderung kann das /p/ extrem explosiv lautiert werden, um den Muskelaufbau durch festes Gegeneinanderdrücken der Lippen zu fördern. Als Hilfe bei schwacher Lippenkraft kann eine vor den Lippen liegende Wattekugel auf /p/ weggepustet werden.

Zähnezeigen

c. Zähnezeigen

1. Bei leicht geöffneten Lippen wird die Unterlippe so weit wie möglich nach vorne und unten geschoben, so daß die unteren Schneidezähne sichtbar werden.

2. Die Oberlippe wird nach vorne oben geschoben, so daß die oberen Schneidezähne sichtbar werden.

3. Bei geschlossenen Zahnreihen 1. und gleichzeitig 2.

4. Einen Mundwinkel bei leicht geöffneten Lippen in Richtung Ohr ziehen, so daß nur die Backenzähne sichtbar werden.

5. Schmollippe: wie 1., aber mit geschlossenen Lippen.

6. Oberlippe in den Mundvorhof einrollen.

d. Lippendruck

Zeigefinger und Daumen werden zwischen die geschlossenen Lippen gelegt und drücken - gegen den Druck der Lippenkraft - die Lippen auseinander. Dann umgekehrt: Die Finger liegen zwischen den offenen Lippen. Die geöffneten Lippen wollen sich schließen, jedoch die Finger versuchen, sie offen zu halten. Die Finger können auch in der Nähe der Mundwinkel sein.

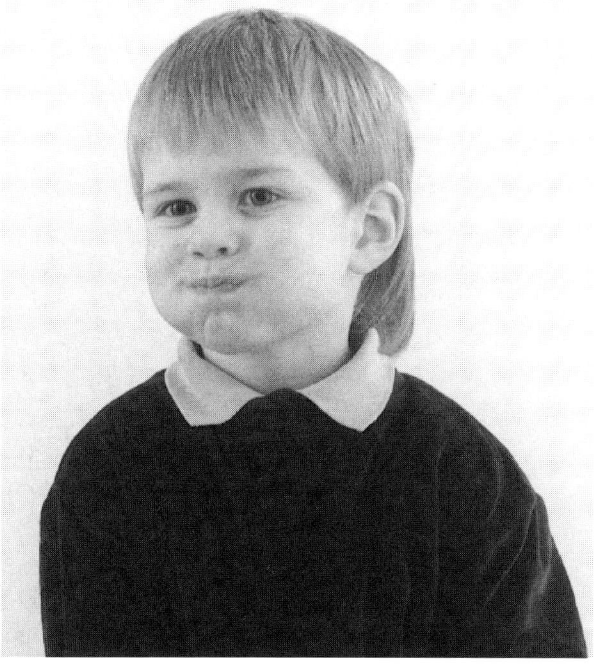

Wangenaufblasen

e. Wangenaufblasen

Wangen aufblasen und dabei die Lippen fest aufeinander pressen. Immer mehr Luft wird in die Wangen gepumpt, so daß sich die Wangen noch mehr aufblähen.

Fortgeschrittene können dabei noch die Unterlippe vorschieben oder die Nase rümpfen oder nur eine Wange mit Luft füllen.

f. Schmatzen

1. Mit breitgezogenen Lippen schmatzen.

2. Die Lippen im Wechsel breitgezogen und spitz vorgestülpt explosionsartig öffnen.

3. Die Lippen zwischen den Zahnreihen verstecken und explosionsartig öffnen.

g. Vorgestülpte Lippen

1. Die Lippen werden weit vorgestülpt und dort explosionsartig geöffnet (Küßchen).

2. Die vorgestülpten Lippen werden in dieser Position ganz sanft im Wechsel geöffnet und wieder geschlossen (Fischmäulchen).

3. Die vorgestülpten Lippen werden nach rechts und links, oben und unten und kreisend bewegt.

4. Die vorgestülpten Lippen malen Zahlen oder Buchstaben in die Luft.

Variation: Diese Übungen sind mit geschlossenen Zahnreihen schwerer durchzuführen. Man kann mit geschminkten Lippen auf ein Blatt Papier „malen".

h. Oberlippe locken

Die Oberlippe wird über die oberen Schneidezähne gezogen und hinter der Unterlippe versteckt. Die Therapeutin „lockt" die Oberlippe, in dem sie mit ihren Zeigefingerkuppen vom Lippenrot zur Nase hin massiert und leicht drückt. Dabei darf die Oberlippe nicht nachgeben, obwohl die Therapeutin sie mit schönen Versprechungen lockt. Kommt sie endlich doch zum Vorschein, wird sie zur Belohnung mit einem lang angelegten Zeigefinger von der Nase zu dem Lippenrot hin „gestreichelt" (langgezogen).

i. Alt-Opa-Sprache

Ober- sowie Unterlippe werden in den Mund eingezogen, so daß kein Lippenrot mehr zu sehen ist. Nun unterhalten sich die Spieler in dieser neuen Sprache.

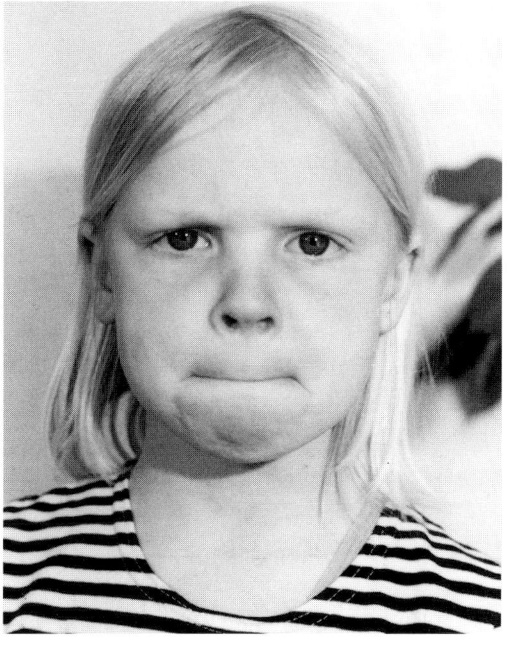

Alt-Opa-Sprache

j. Ur-Oma-Sprache

Die Oberlippe schiebt sich über die Unterlippe. Nun wird in dieser neuen Sprechweise ein Witz erzählt oder ein Sprachspiel durchgeführt.

k. Familie Schiefmaul

Vater Schiefmaul spricht mit zur rechten Seite verschobenen Lippen. Tochter Schiefmaul antwortet ihm und schiebt dabei ihre Lippen zur linken Seite. Da fällt Mutter Schiefmaul ihnen ins Wort mit zur rechten Seite geschobenen Lippen. Usf.

Dieses Spiel ist schwierig, da es nicht jedem sofort gelingt, die Lippen zu einer Seite zu verschieben. Es gibt immer eine Gesichtshälfte, die das besser kann!

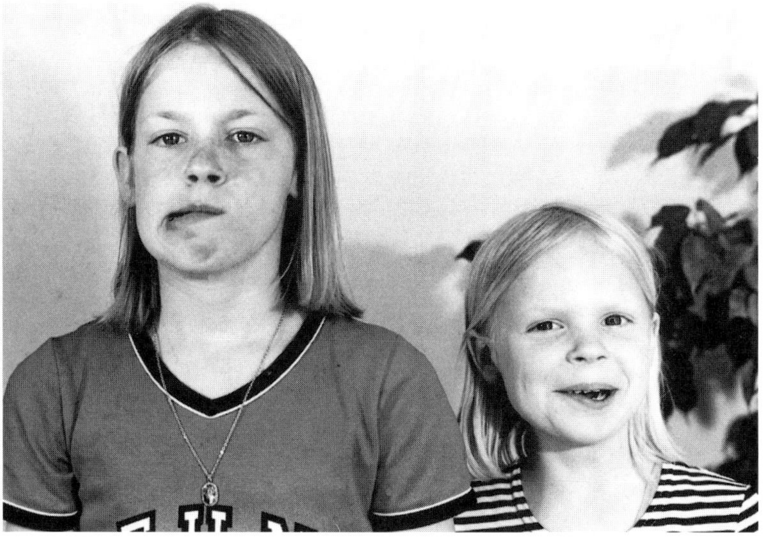

Familie Schiefmaul

Raum für eigene Spiele:

2. Spiele und Übungen mit dem Knopf

Methodische Hinweise zu den Spielen und Übungen mit dem Knopf

- Herkunft

Das Grundspiel „Tauziehen“ mit dem Knopf wurde von D. Garliner entwickelt. Es dient der Stärkung und Kräftigung der Lippenringmuskulatur (M. orbicularis oris) und hat direkte positive Auswirkungen auf die Zungenspannung (zentripedale Kraft).

- Materialbeschreibung

Die zu verwendenden Knöpfe sollten gratfrei sein und die Größe eines 1-Mark-Stückes aufweisen. Sie werden auf eine ca. 30 cm lange Baumwollschnur aufgezogen (durch zwei Löcher hindurch).

- Handhabung

Der Knopf wird senkrecht vor die geschlossenen Zahnreihen gestellt. Die Lippen schließen sich. Die muskuläre Kraft beider Lippen hält dem Zug an der Baumwollschnur stand. Alle nachfolgenden Spiele und Übungen werden auf diese Art und Weise gespielt.

- Therapeutische Bedingungen

Bei allen Knopfspielen sollte zunächst auf einen lockeren Lippenschluß geachtet werden. Unter Anspannung verändert sich dann der Lippentonus. Spieler mit starker Erkältung oder Allergien (verstopfte Nase) können unter Umständen ihren Knopf (Mundschluß) nicht so lange halten, denn ihre Nasenatmung ist behindert.

Nach längerer Zeit des Übens kann die Größe des Knopfes verringert werden, die Übung wird somit schwerer.

- Körperhaltung

Viele der angebotenen Spiele und Übungen werden an einem Tisch gespielt. Eine aufrechte Sitzhaltung ist sehr wichtig. Eine „eingeklemmte“ Haltung führt zu einer unökonomischen Atemweise. Die gesamte Atmung ist dann kurz und flach und wirkt sich negativ auf das körperliche Wohlbefinden aus. Auch sollte eine nach hinten geknickte Kopfhaltung vermieden werden. Sie führt zu einer Überstreckung der Halswirbelsäule, welches sich wiederum auf eine natürliche Nasenatmung nachteilig auswirkt. Am besten werden Tischspiele im Knien oder Hocken durchgeführt.

- Allgemeine Hinweise

Achtung! Manche Spieler mogeln, indem sie ihren Knopf hinter die Schneidezähne stellen. Dadurch entwickeln sie natürlich sehr viel mehr Kraft, schaden jedoch ihren Zähnen und fördern keine Lippenkraft.

Äußern Spieler Empfindlichkeiten im Bereich des Mundvorhofes (Lippenbändchen) muß das auf jedenfall berücksichtigt werden.

Kinder mit einer Lippen-Kiefer-Gaumenspalte sollten diese Spiele nur nach ärztlicher Absprache durchführen, da eine Fehlbelastung der Lippennarbe schaden kann!

• Dauer des Spiels/der Übung

Diese ist abhängig vom Alter und von der Konzentrationsfähigkeit der Spieler. Zu Beginn sind wenige Minuten Übungszeit angemessen. Eine zeitliche Steigerung kann dann nach und nach erfolgen. Für einen rhythmischen Stundenablauf ist es notwendig, im Anschluß an die Knopfspiele eine Übung anzubieten, die den stark angeregten M. orbicularis oris wieder in eine muskuläre Lockerheit führt. Es sollten keine weiteren Übungen angeschlossen werden, die weiterhin viel Kraft von der Lippenringmuskulatur fordern!

Auf der nachfolgenden Seite ist die Muskelarbeit des M. orbicularis oris aufgezeichnet. Das Schema veranschaulicht die unterschiedliche Aktivität dieses Muskels. Es dient zum besseren Verständnis der Spiele und Übungen.

Muskelarbeit des Lippenringmuskels

M. orbicularis oris

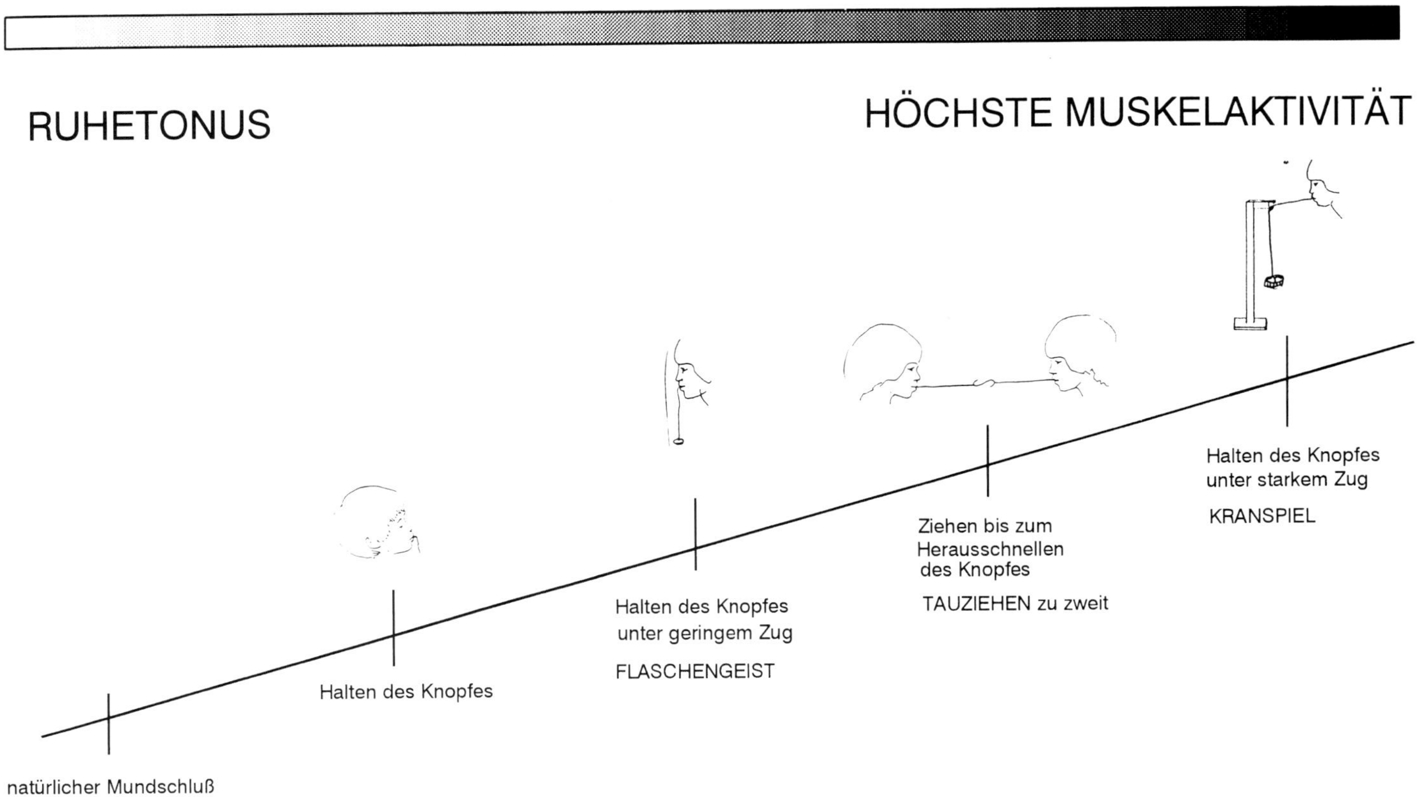

Struck 1996

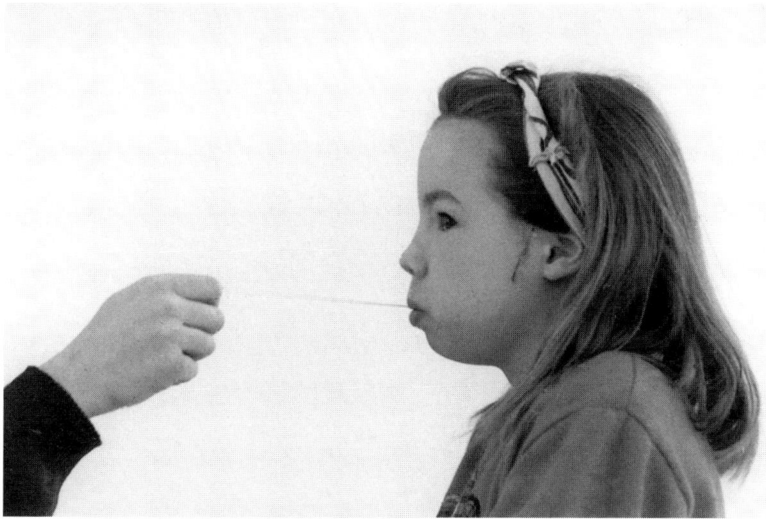

Grundübung

a. Grundübung

Der Knopf wird hochstehend zwischen Schneidezähne und Lippen (vor die Zähne und hinter die Lippen) gelegt und nur mit der Kraft der Lippen festgehalten. Mit einer Hand wird nun an der Schnur gezogen und so die „Festhaltegrenze“ der Lippen herausgefunden. Man kann den Knopf mit Schwung aus dem Mund ziehen oder nur vorsichtig, so daß die Lippen längere Zeit unter Anspannung stehen.

b. Knopfhalten

Der Knopf wird waagerecht mit beiden Lippen locker gehalten. Dieses soll über einen längeren Zeitraum möglich sein, z. B. bei einem sprachfreien Spiel (Übung zur Aktivierung der Nasenatmung).

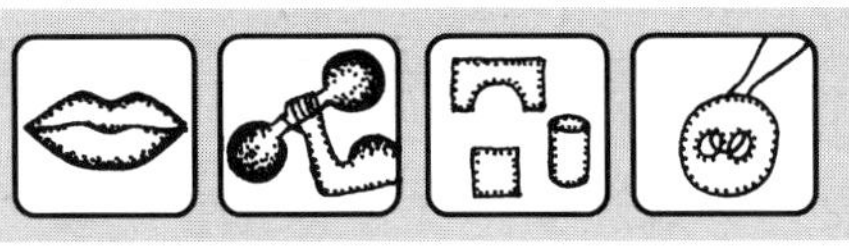

c. Flaschengeist

An den Knopf wird eine Schnur mit einem Stift (Hülse, Strohhalm etc.) gehängt. Jetzt muß der Stift durch Kopfkontrolle in einen Flaschenhals eingelassen werden.

Variation: Flaschen mit unterschiedlich großen Hälsen, unterschiedlich dicke Stifte und unterschiedlich lange Schnüre.

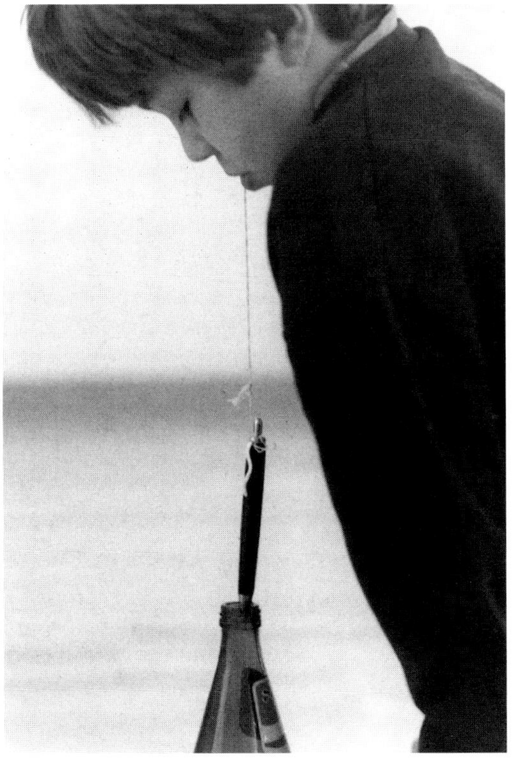

Flaschengeist

d. Kegeln

Ziel des Spiels ist es, möglichst viele Gegenstände mit einer Holzkugel umzustoßen. Die Holzkugel ist an einer ca. 40 cm langen Schnur befestigt. Die Schnur wird wie bei der Grundübung durch einen Knopf gehalten. Diverse Gegenstände, die als Kegel dienen (Filmröllchen, Plastikdosen, Bälle, aufgestellte Bücher, Flaschen, Kerzen, Halmafiguren, Murmeln etc.), können durch Kopfbewegungen umgekegelt werden.

e. Tauziehen

Zwei Schnüre mit jeweils einem Knopf werden durch eine Büroklammer verbunden. Zwei Partner ziehen sich nun gegenseitig mit Hilfe ihrer Lippenkraft den Knopf aus dem Mund.

Als Kooperationsspiel sollen die Knöpfe möglichst lange unter Zug im Mund bleiben, während die Partner einen Parcours laufen müssen.

Tauziehen

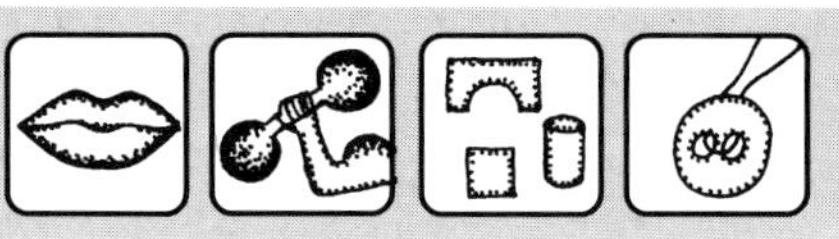

f. Knopf mit Gummi

Anstelle eines Baumwollfadens wird der Knopf auf ein zuvor durchgeschnittenes Haushaltsgummi aufgezogen. Der Knopf wird vor die geschlossenen Zahnreihen gestellt, die Lippen werden geschlossen. Behutsam wird nun an dem Gummi gezogen und wieder lockergelassen. Mehrmals ziehen und lösen.

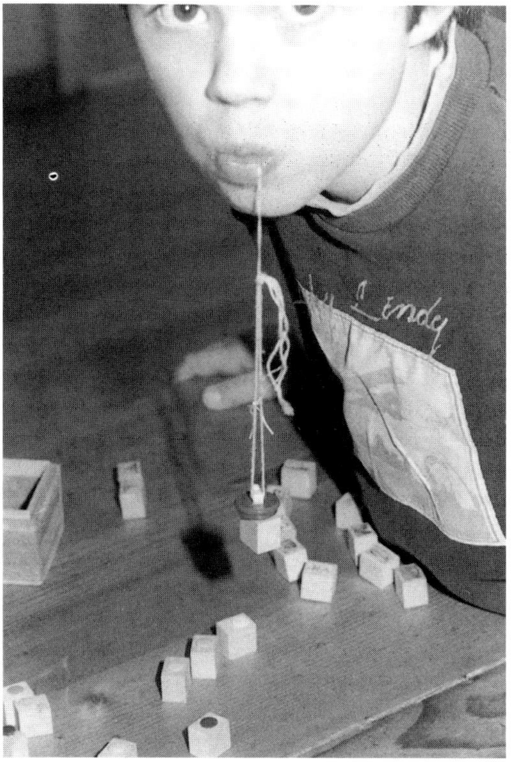

Knopfangel

g. Knopfangel

An den Knopf mit Schnur wird ein Magnet gehängt. Jetzt können alle Gegenstände aus Metall oder Pappfiguren (Fische, Puzzleteile etc.), die mit einer Büroklammer versehen wurden, geangelt werden. Dabei ist zu beachten: ein kleiner Magnet ist leichter von den Lippen zu halten, bewegt sich aber auch bei der kleinsten Kopfbewegung stärker hin und her. Große, schwere Magnete sind besser zu kontrollieren. Auch die Länge der Schnur spielt eine entscheidende Rolle bei der Bewegungskontrolle.

h. Seilzug

Ein Körbchen (Joghurtbecher, Sandeimer etc.) wird an die Schnur mit dem Knopf gebunden. In dieses Körbchen werden diverse schwere Gegenstände (Steine, Sand, Körner, Glasmurmeln, Wasser, Gewichte etc.) gelegt und mit Hilfe der Lippenkraft vom Boden abgehoben und durch das Zimmer transportiert. Die Schnur des Körbchens kann über eine Türklinke gehängt werden, so daß durch Rückwärtsgehen das Körbchen wie ein Kran/Lift die Gegenstände anhebt und durch Vorwärtsgehen senkt.

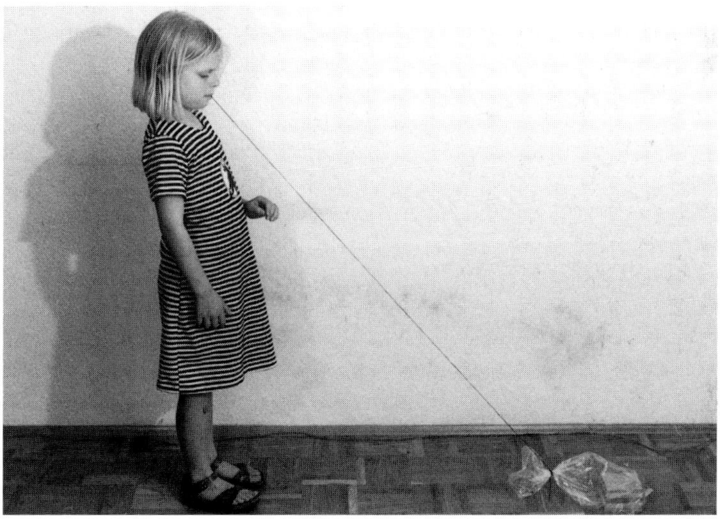

Versteckte Ladung

i. Versteckte Ladung

In eine Plastiktüte werden schwere Gegenstände gelegt. Die Plastiktüte wird verschnürt und über die Schnur mit dem Knopf verbunden. Durch Rückwärtsgehen kann man die Plastiktüte weite Strecken über den Fußboden ziehen. Man kann auch einen Parcours stellen, der zurückgelegt werden muß, ohne daß der Knopf aus dem Mund fällt.

Statt einer Plastiktüte kann auch ein größerer Lastwagen oder ein großer Holzzug mit Anhängern, die man füllt, verwendet werden.

j. Gewichtheben

Für dieses Spiel werden diverse Gewichte (Sandsäckchen, Bauklötze, Steine etc.), ein Behältnis (Blechbüchse, Becher, Körbchen mit einem Henkel) und ein s-förmiger Haken benötigt. Die Gewichte werden in das Behältnis gelegt. Das Ende der Baumwollschnur wird mit dem s-förmigen Haken befestigt. Mit der Lippenkraft soll nun das Behältnis gehoben und getragen werden.

Bei diesem Spiel ist es möglich, die Gegenstände vor Spielbeginn abzuwiegen (z. B. auf der digitalen Obstwaage eines Supermarktes), um eine Steigerung muskulärer Lippenkraft feststellen zu können. Diese kann dann notiert werden.

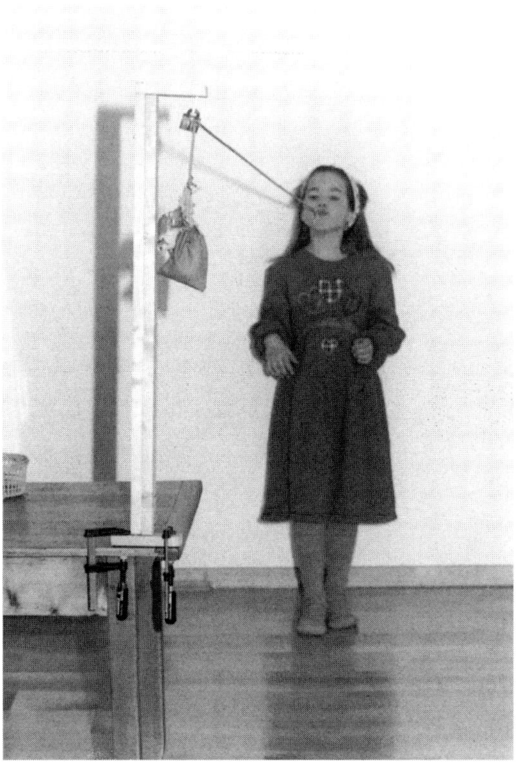

Kranspiel

k. Kranspiel

Vor Spielbeginn muß ein Kran gebaut werden. Für diesen Kran wird folgendes benötigt: ein 80 cm langes Vierkantholz (4 x 4 cm) mit einem Holzfuß und einem Holzarm versehen. An das vordere Teil des Holzarmes wird eine Seilwinde befestigt. Der Holzfuß wird mit einer Schraubzwinge am Tisch befestigt. Die Seilwinde wird mit einem ca. 2 m langen Seil bestückt. An das Ende des Seils wird ein Behältnis oder ein Sandsack geknotet. Das Seil wird durch die Seilwinde geführt und an dessen Ende der Knopf geknotet.

Die Spieler stehen bei diesem Spiel. Der Knopf liegt vor den geschlossenen Zahnreihen, die Lippen sind geschlossen. Durch Rückwärtsgehen spannt sich das Seil und zieht das Behältnis nach oben. Oben angekommen, kann das Behältnis wieder herabgelassen werden, indem der Spieler nach vorne geht. Nun kann das Behältnis beliebig be- und entladen werden.

3. Spiele und Übungen mit Strohhalm

Methodische Hinweise zu den Spielen und Übungen mit Strohhalm

- Materialbeschreibung

Es gibt Strohhalme mit diversen Durchmessern. Die dünnsten (Durchmesser 2 mm) sowie die dicksten Strohhalme (Durchmesser 8 mm) sind in der Regel nur in Spezialgeschäften (Gastronomiebedarf) erhältlich. Die Knickstrohhalme (Durchmesser 5 mm) können im oberen Teil geknickt werden.

Der in einigen Spielen benötigte Ohrtrichter ist aus Kunststoff, hat einen Durchmesser von 4 mm und ist in einem Sanitätshaus erhältlich.

- Handhabung

In dieser Spielesammlung werden in der Regel nur Knickstrohhalme verwendet. Sie werden so benutzt wie in der Spielanleitung beschrieben.

Wird ein Ohrtrichter benutzt, so steckt man ihn in den kürzeren Abschnitt des Knickstrohhalms.

- Steigerung/erhöhte Anforderung

Umfassen beide Lippen den Strohhalm an einem Ende, so gilt hier die Regel: Je dicker der Strohhalm, desto leichter können die Lippen ihn halten. Bei allen Pustespielen gilt die Regel: Je dicker der Strohhalm, desto schwieriger das Pusten. Bei den Saugspielen gilt die Regel: Je dicker der Strohhalm, desto leichter das Ansaugen eines Gegenstandes. Der Ohrtrichter erleichtert die Atemfunktion des Ansaugens

- Therapeutische Bedingungen

Bei allen Spielen und Übungen sollte auf einen lockeren Lippenschluß und eine ökonomische Atmung geachtet werden.

- Körperhaltung

Viele der angebotenen Spiele und Übungen werden an einem Tisch gespielt. Eine aufrechte Sitzhaltung ist sehr wichtig. Eine „eingeklemmte“ Haltung führt zu einer unökonomischen Atemweise. Die gesamte Atmung ist dann kurz und flach und wirkt sich negativ auf das körperliche Wohlbefinden aus. Auch sollte eine nach hinten geknickte Kopfhaltung vermieden werden. Sie führt zu einer Überstreckung der Halswirbelsäule, welches sich wiederum auf eine natürliche Nasenatmung nachteilig auswirkt. Am besten werden Tischspiele im Knien oder Hocken durchgeführt.

- Allgemeine Hinweise

Es ist wichtig, darauf zu achten, daß die Spieler ihren Strohhalm nicht mit den Zähnen festhalten, sondern mit der Kraft ihrer Lippen. Ebenso schieben manche Spieler ihren Unterkiefer bei den Spielen sehr weit nach vorne. Über längere Zeit hinweg kann das zu übermäßiger Belastung der Kiefergelenke führen.

- Dauer des Spiels/der Übung

Diese ist abhängig vom Alter und der Konzentrationsfähigkeit der Spieler. Je nach Inhalt des Spiels sind längere bzw. kürzere Spielsequenzen möglich.

Saugspiele können über einen zu langen Zeitraum hinweg gespielt zu Unwohlsein führen. Die Dauer des Spiels ist also von der körperlichen Befindlichkeit und dem Atemrhythmus der Spieler abhängig.

Um einen rhythmischen Stundenablauf zu erlangen, ist es sehr wichtig, die angebotenen Spiele und Übungen nicht zu lange zu betreiben, sondern nach kurzer Zeit ein neues Spiel auszuwählen. Bei der Auswahl sollte das jeweilige Ziel im Auge behalten werden, unter der Berücksichtigung einer Entspannungsphase für die jeweilige Muskulatur.

- Querverweis

Weitere Spiele mit dem Knickstrohhalm und Ohrtrichter befinden sich unter Punkt: Saugspiele (s. S. 44 u. 95) und Spiele mit diversen Saugmaterialien (s. S. 98).

Auf der nachfolgenden Seite sind mögliche Wege aufgezeichnet, die das methodische Erlernen des Ansaugens vermitteln.

Mögliche Wege, das Ansaugen zu erlernen

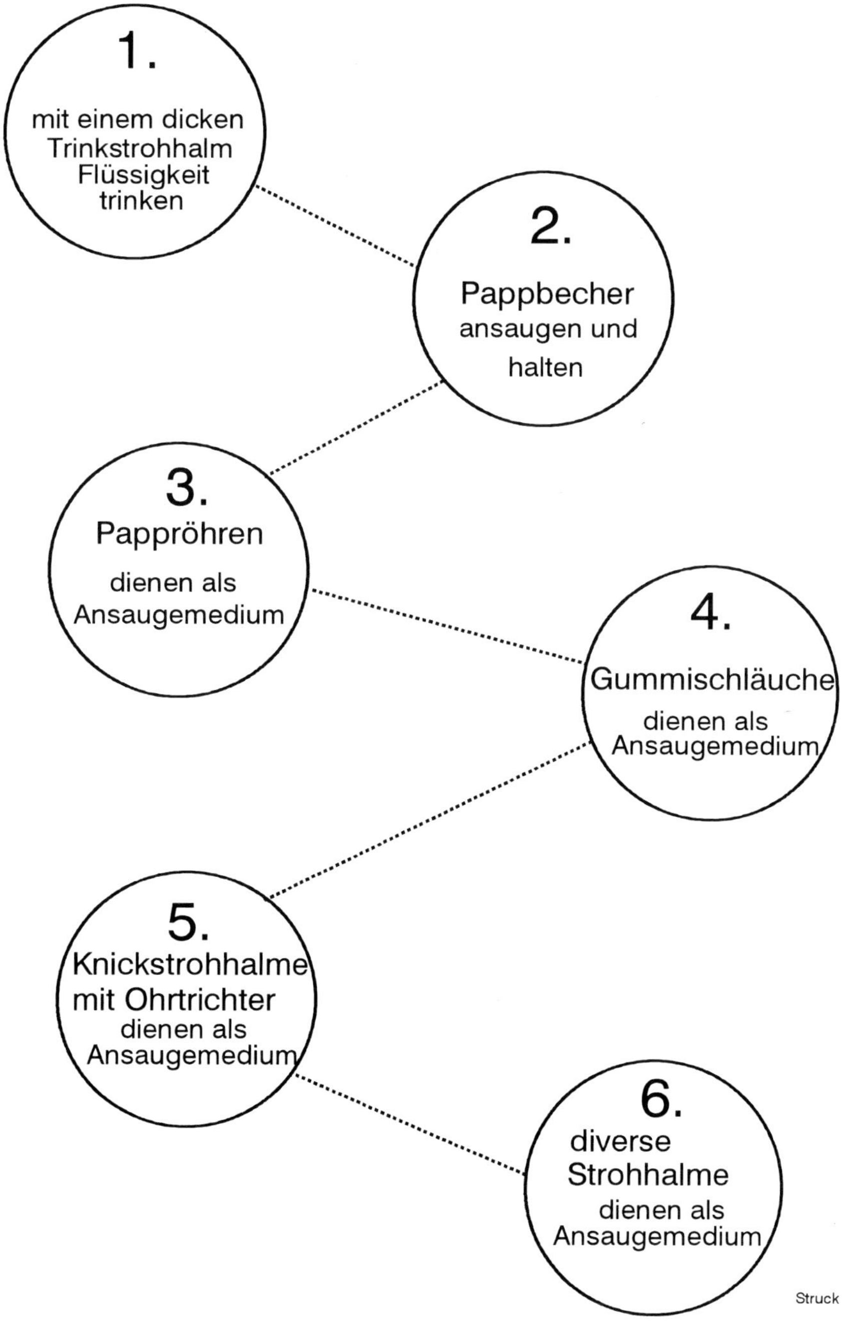

Struck 1996

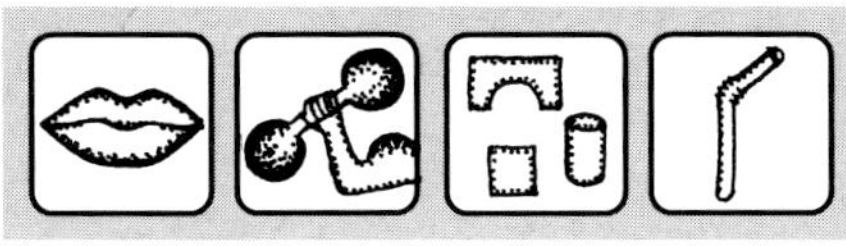

a. Strohhalmhalten

Die Mitte eines Strohhalms wird waagerecht mit lockeren Lippen gehalten. Die Atmung erfolgt durch die Nase.

Dieses Spiel kann zum dauerhaft erübten Mundschluß beitragen, indem eine Liste angefertigt wird, auf welcher die jeweilige Dauer des Strohhalmhaltens notiert wird. Die Dauer des Strohhalmhaltens kann von Woche zu Woche gesteigert werden.

Strohhalm-Angel

b. Strohhalm-Angel

Für jeden Spieler wird ein Knickstrohhalm, sowie diverses Angelmaterial benötigt (z. B. Fische aus Karton, welche eine auseinandergebogene, fixierte Büroklammer an ihrer Mundöffnung haben).

Das Angelmaterial wird auf dem Tisch verteilt. Ein Spieler beginnt, indem er den langen Teil des Knickstrohhalms in seinem Mund hält und mit dem kürzeren Teil des Strohhalms versucht, einen Fisch zu angeln. Der Knickstrohhalm muß dabei in die aufgebogene Büroklammer gesteckt und kann dann hochgehoben werden. Heruntergefallene Fische werden wieder zurückgelegt und nicht mitgezählt.

c. Körbchen heben und tragen

Jeder Spieler benötigt das Innere einer Streichholzschachtel, das mit einem Papierhenkel zum Körbchen wird, oder ein bereits fertiges Weidenkörbchen aus einem Bastelgeschäft sowie einen Knickstrohhalm. Der Inhalt der Körbchen kann diverses Spielmaterial (Würfel, Spielfiguren, Gummitiere etc.) sein. Die Körbchen stehen auf dem Tisch und werden nach eigener Einschätzung beladen. Der lange Teil des Knickstrohhalms wird in den Mund genommen, der kürzere Teil wird in den Henkel des Körbchens eingehakt und hebt somit das Körbchen an. Zuvor vereinbaren, wie weit das Körbchen transportiert wird.

d. Strohhalmkampf

Zwei Spieler halten ihren Knickstrohhalm jeweils mit beiden Lippen. Beide versuchen, mit ihrem eigenen Strohhalm, den Strohhalm des Gegners aus dessen Mund zu schieben oder herauszudrücken. Es können dann Pluspunkte verteilt werden. Dieses Spiel kann im Stehen stattfinden - wobei auf eine ähnliche Körpergröße zu achten ist - oder auch in der Hocke auf dem Boden.

e. Strohhalmhockey

Es wird ein Spielfeld mit einem Tor aus Bauklötzen erstellt. Als Puck dient ein Spielstein oder eine Spielfigur. Der Puck soll durch Schieben mit Hilfe des Knickstrohhalmes in das Tor befördert werden, wobei der längere Teil des Knickstrohhalmes im Mund steckt. Der Torwart, in diesem Falle der andere Spieler, verteidigt mit dem Knickstrohhalm das Tor. Gelingt es einem Spieler, ein Tor zu erzielen, so findet ein Rollenwechsel statt.

Saugpuzzle

f. Saugpuzzle

Ein farbiges Bild wird auf Karton geklebt. Verschiedene „Kleinteile" werden mit einer Nagelschere herausgeschnitten (je nach Anforderung an die Spieler 6, 10 oder mehr Teile). Das gesamte, jetzt löchrige Bild wird wiederum auf festen Karton geklebt, am besten auf einen einfarbigen Karton, damit die fehlenden Flächen gut sichtbar werden.

Ein Spieler beginnt, sucht sich ein Teil des Puzzles aus, saugt es mit Hilfe seines Strohhalmes an und legt es auf die passende Stelle. Der Spieler ist so lange an der Reihe, bis ihm ein Teil vom Strohhalm herabfällt.

g. Ansaugspiel

Verschiedene Materialien, wie Wellpappe, Folie, Seidenpapier, Stoff, Styropor etc., liegen auf einem Tisch und werden mit einem Strohhalm angesaugt. Ein Spieler beginnt und saugt ein Teil mit Hilfe seines Strohhalmes an. Dieses Material wird nun transportiert (evtl. auf einem Stuhl abgelegt). Es kann so lange gespielt werden, bis etwas herabfällt. Dann ist der nächste Spieler an der Reihe. Eine Steigerung besteht in der Auswahl des Materials.

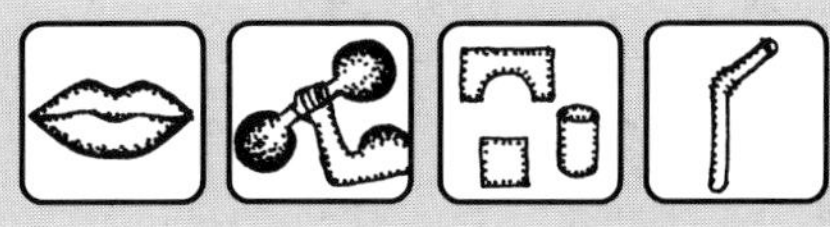

h. Streichholzschachtel-Memory

Für dieses Spiel werden 20 Bildkärtchen (10 Pärchen) benötigt, welche in ihrer Größe unter das Innere einer Streichholzschachtel passen. Außerdem braucht man 20 leere Streichholzschachteldosen und für jeden Spieler einen Strohhalm mit einem großen Durchmesser.

Jedes Bildkärtchen wird von einer Streichholzschachteldose zugedeckt. Nun kann es losgehen: Der Strohhalm wird als Medium benutzt, um die leere Dose anzusaugen. Die Spielregel ist dieselbe wie bei Memory: jeweils 2 Streichholzschachteldosen werden nacheinander angesaugt. Ergibt sich daraus ein Pärchen, so ist der Spieler nochmals an der Reihe.

Variation: Anstelle von Streichholzschachteln können auch dunkle Seidenpapierstückchen zur Abdeckung benutzt werden. Sie lassen sich sehr viel leichter ansaugen.

i. Anziehpuppe

Die ausgeschnittenen Kleiderteile und der Körper einer Anziehpuppe aus Pappe liegen auf dem Tisch. Jeder Mitspieler hat einen Strohhalm (großer Durchmesser), mit welchem er ein Kleidungsstück der Anziehpuppe ansaugt und es auf den Puppenkörper legt.

Variation: In ein Thema einbetten, z. B. es ist Winter und es wird kalt. Entsprechend wird die Anziehpuppe schnell umgezogen, alles mit Hilfe des Strohhalms.

Schattenspiel

j. Schattenspiel

Es werden Abbildungen verschiedener Tiere oder Möbel, Kleider etc. ausgeschnitten und mit Pappe verstärkt. Nun zeichnet man die Umrisse der Tiere auf ein Blatt und malt die Flächen schwarz aus (Schatten). Im Spiel müssen jetzt die Tiere durch Ansaugen mit dem Strohhalm auf den entsprechenden Schatten gelegt werden.

k. Autorennen

An kleinen Pastikautos wird eine ca. 7 cm lange Baumwollschnur befestigt. Therapeut und Kind saugen jeweils eine Schnur in ihre Strohhalme ein. Schön ist es, einen Parcours aufzumalen und so die Autofahrt in eine Geschichte einzubetten. Beispiel: Das Auto fährt aus der Garage an die Tankstelle, bringt die Kinder zur Schule, fährt einkaufen...

l. Palmenschießen

Ein „Palmenspieß" (Dekorationsbedarf) wird in einen Knickstrohhalm gesteckt. Alle Mitspieler stehen an einer zuvor vereinbarten Startlinie. Auf ein Startzeichen hin pusten sie alle in ihren Strohhalm, so daß der Palmenspieß herausfliegt. Gemeinsam schauen alle, welcher Palmenspieß die weiteste Strecke zurückgelegt hat. (Dieses Spiel kann nicht sehr oft gespielt werden bzw. nur mit Pausen, da sich im Strohhalm Kondensat niederschlägt und das Pusten nach einiger Zeit problematisch wird.)

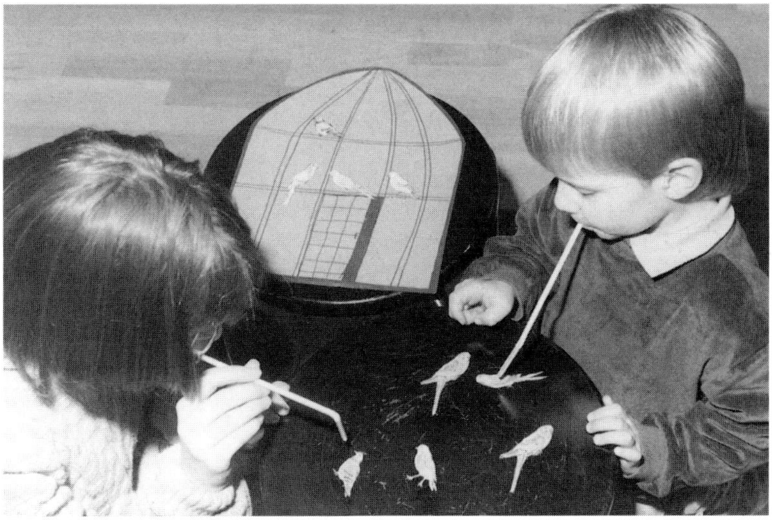

Vogelkäfig

m. Vogelkäfig

Mit Pappe verstärkte Abbildungen von Vögeln werden ausgeschnitten und ein entsprechend großer Vogelkäfig auf eine andere Pappe gemalt. Die Vögel sind weggeflogen, d. h. sie liegen irgendwo im Raum und müssen gefunden und eingefangen werden. Mit Hilfe des Strohhalms werden sie angesaugt und den ganzen Weg zum Käfig transportiert.

n. Strohhalmboccia

Jeder Mitspieler erhält vier farbige (vorher mit einem Stift angemalte) Streichhölzer ohne Zündkopf sowie einen Knickstrohhalm. Als Lecco wird ein neutrales Streichholz verwendet.

Dieses Spiel findet im Stehen statt: Das Spiel beginnt damit, daß der Lecco in den Knickstrohhalm gesteckt wird und ein Spieler ihn mit einer kräftigen Ausatmung herauspustet.

Das eigentliche Spiel: Jeder Spieler hat vier Chancen, sein farbiges Streichholz möglichst in die Nähe des Leccos zu zielen. Gewonnen hat der Spieler, der in die nächste Nähe des Leccos gekommen ist. Er kann nun als nächster den Lecco in seinen Knickstrohhalm stecken und kräftig pusten.

o. Friedenspfeife

Jeder Mitspieler braucht einen Knickstrohhalm, einen Ohrtrichter und eine farbige Wattekugel. Der Ohrtrichter wird in den kürzeren Teil des Knickstrohhalms gesteckt. Die Wattekugel wird darauf gelegt. Durch Blasen in den längeren Teil des Knickstrohhalms bewegt sich die Wattekugel. Sie „tanzt" in der Luft.

Friedenspfeife

4. Spiele und Übungen mit dem Spatel

Methodische Hinweise zu den Spielen und Übungen mit dem Spatel

- Materialbeschreibung

Holzspatel sind in Apotheken und Sanitätshäusern in einer Normgröße erhältlich. Zum Basteln gibt es einen Holzbastelstab, das ist ein sehr viel kleinerer Holzspatel (Länge ca. 10 cm, Breite ca. 1 cm). Dieser eignet sich für manche Übungen besser, da er kleiner, leichter und handlicher ist. Es gibt auch Spatel aus Kunststoff, sie sind jedoch sehr viel teurer als die Holzspatel und nur in Spezialgeschäften (Hobbymarkt) erhältlich.

Handhabung

Der Spatel wird wie in der Spielbeschreibung angegeben verwendet. Ein kleinerer Spatel ist sehr viel leichter handzuhaben als ein herkömmlicher Holzspatel.

- Therapeutische Bedingungen

Bei allen Spielen und Übungen muß auf einen lockeren Lippenschluß geachtet werden. Wichtig ist auch die Kontrolle, daß die Spieler ihren Spatel nicht mit den Zähnen festhalten. Ein kürzerer Spatel ist leichter zu halten als ein längerer Spatel. Der Spatel kann auch um ein gutes Stück gekürzt werden, wenn es zu schwierig sein sollte, ihn nur mit den Lippen zu halten.

- Körperhaltung

Viele der angebotenen Spiele und Übungen werden an einem Tisch gespielt. Eine aufrechte Sitzhaltung ist sehr wichtig. Eine „eingeklemmte" Haltung führt zu einer unökonomischen Atemweise. Die gesamte Atmung ist dann kurz und flach und wirkt sich negativ auf das körperliche Wohlbefinden aus. Auch sollte eine nach hinten geknickte Kopfhaltung vermieden werden. Sie führt zu einer Überstreckung der Halswirbelsäule, welches sich wiederum auf eine natürliche Nasenatmung nachteilig auswirkt. Am besten werden Tischspiele im Knien oder Hocken durchgeführt.

- Allgemeine Hinweise

Es kann vorkommen, daß manche Spieler ihren Unterkiefer weit nach vorne schieben (Überdehnung der Kiefermuskulatur). Für einen kurzen Moment kann diese Verhaltensweise positiv sein, denn die gesamte Muskulatur in diesem Bereich wird besonders gedehnt. Über einen zu langen Zeitraum hinweg jedoch führt das zu einer Überbeanspruchung der Kiefergelenke.

Vorsicht sei geboten bei Spielern, die Kiefergelenkprobleme haben oder sowieso dazu neigen, den Unterkiefer zu weit vorzuschieben (Verstärkung der negativen Verhaltensweise)!

- Dauer des Spiels/der Übung

Diese ist abhängig von Alter und Konzentrationsfähigkeit der Spieler. Um einen rhythmischen Stundenablauf zu erzielen, ist es notwendig, im Anschluß an die jeweiligen Spiele mit dem Spatel eine Übung anzubieten, die den stark aktivierten M. orbicularis oris wieder in eine muskuläre Lockerheit führen soll. Keine weiteren Übungen anbieten, welche dieselben Ziele verfolgen (siehe Zielübersicht!).

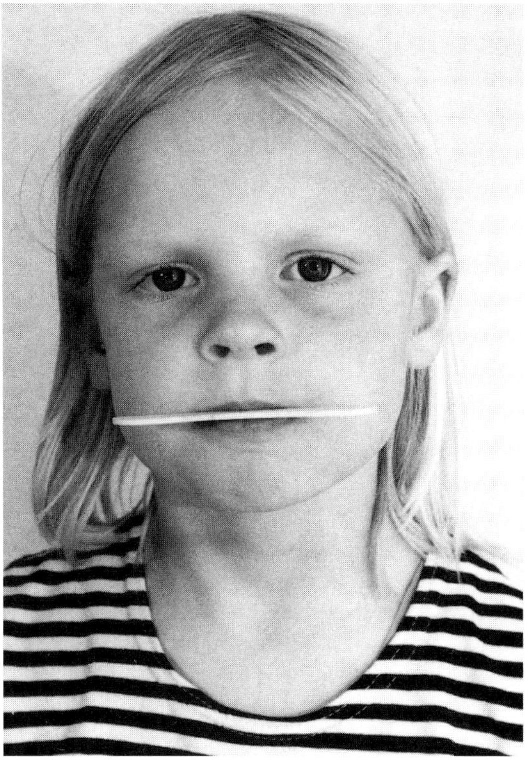

Spatelhalten

a. Spatelhalten

Ein Spatel (möglich sind auch: Strohhalm, Plastiktaler, Plakette, Schaschlikstäbchen etc.) wird zwischen die Lippen gelegt und locker gehalten. Dabei kann ein sprachfreies Spiel gespielt werden, z. B. ein Puzzle.

b. Spatelkampf

Jeder Spieler nimmt ein Ende seines Holzspatels zwischen beide Lippen. Nun versuchen die Spieler dem Gegner den Spatel mit Hilfe ihrer Kopfbewegungen aus dem Mund zu schieben. Es kann in Punkten gezählt werden.

c. Spatelwippen

Ein Ende des Spatels wird mit beiden Lippen locker gehalten. Nun soll durch leichte Lippenbewegung der Spatel zum Wippen gebracht werden.

Variationen: - Bei jüngeren Kindern den Spatel um ein gutes Stück kürzen. - Auf das Ende des Spatels einen Wattebausch legen, der dann durch die starke Bewegung herabfällt.

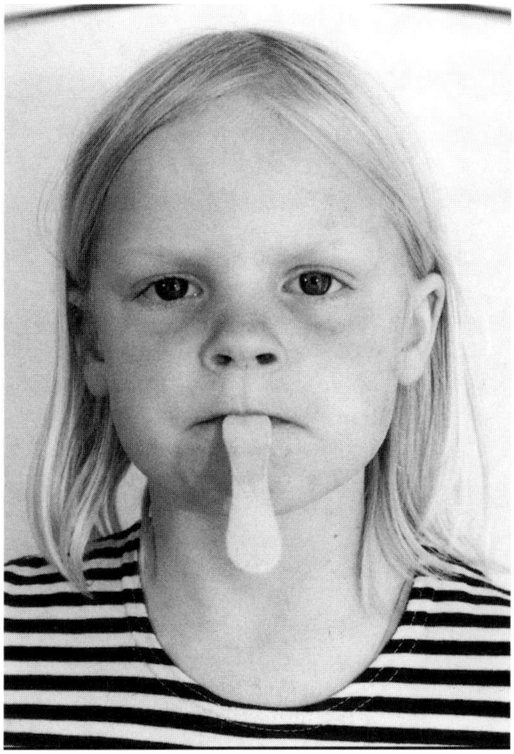

Spatelwippen

d. Spatelspiel

Ein Papier - zuvor mit Zahlen oder den Buchstaben eines Wortes versehen - wird in eine Klarsichtfolie geschoben. Diese liegt vor dem Spieler auf dem Tisch. Ein Ende des Spatels liegt zwischen beiden Lippen. Auf dem anderen Ende des Spatels liegt ein Wattebausch. Durch eine wippende Bewegung mit beiden Lippen fällt der Wattebausch auf eine Zahl oder einen Buchstaben. Diese(r) kann dann notiert und am Ende des Spiels addiert bzw. aus den Buchstaben ein Wort gebildet werden.

e. Lange Mundangel

An einem Spatelende wird ein Baumwollfaden (ca. 30-40 cm) befestigt, an dessen Ende ein Magnet hängt. Das andere Spatelende wird zwischen die Lippen gelegt und festgehalten. So können leichte Gegenstände aus Metall bzw. mit Heftklammern versehene Pappfische oder andere Figuren geangelt werden.

5. Spiele und Übungen mit diversen Materialien

Schnäuzer

a. Schnäuzer

Lippen nach vorne stülpen. Oberlippe noch extremer nach oben wölben, so daß ein Stift (Strohhalm, Stäbchen, Viertelstab aus Balsaholz etc.) zwischen Oberlippe und Nase eingeklemmt werden kann.

Hier gilt: je dicker der Strohhalm, desto leichter die Übung.

b. Weingummi

Eine „Schnur“ (Weingummischnur, entrollte und geteilte Lakritzschnecke, Baumwollschnur) wird mit vorgestülpten Lippen gefaßt und ohne Hände in den Mund gezogen.

Variation: Die Schnur beschweren mit Gewichten, Steinen etc.

c. LUM-Spiel

Für Fortgeschrittene: Wie bei der vorangegangenen Übung wird die Schnur in den Mund genommen. Dieses Mal hält die Zungenspitze die Schnur am Gaumen fest /l/. Zahnreihen und Lippen öffnen sich, Lippen werden vorgestülpt /u/ und greifen einen neuen Schnurabschnitt. Dann werden die Lippen zwischen den Zähnen eingezogen /m/. Erst jetzt löst sich die Zungenspitze vom Gaumen und drückt den neuen Schnurabschnitt an den Gaumen, so daß sich Zahnreihen und Lippen wieder öffnen können, ohne daß die Schnur aus dem Mund fällt.

d. Festhalten

Ein Spieler hält einen Gegenstand (Stift, Strohhalm, Spatel, Salzstange, Schnur) nur mit den Lippen fest. Der Partner zieht diesen Gegenstand gegen den Widerstand der Lippen aus dem Mund.

Strohhalmkette

e. Strohhalmkette

Viele gleich große und lange Strohhalme werden mit Nadel und Faden an einem Ende durchstoßen und zu einer Kette aufgereiht. Die beiden Fadenenden werden an zwei Halterungen (Holzgestell basteln oder Enden um zwei Flaschenhälse binden) festgebunden und straff gezogen, so daß eine freischwebende Strohhalmkette entsteht.

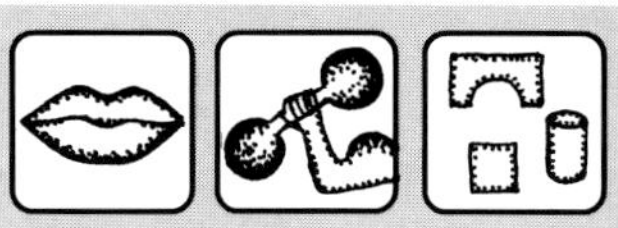

1. Die Strohhalme können jetzt alle durch Blasen in Wellenbewegungen versetzt werden. Anweisung: „Blase ohne Zwischenatmung von einem zum anderen Ende alle Strohhalme an.“ Hierbei kann dem Kind die Dauer eines Ausatemstromes (z. B. von links nach rechts 26 Halme) verbildlicht werden.

2. Mit Kraft können einzelne Strohhalme angepustet werden, so daß sie sich überschlagen.

3. Mit den Lauten /p/, /t/ oder /k/ die Strohhalme in Bewegung bringen.

Anstelle der Strohhalme kann auch ein anderes Material an den gepannten Faden gehängt werden: Seidenpapierkügelchen, Staniolpapierkügelchen, Federn etc., die einzeln mit einem Faden versehen werden.

f. Konfettibilder

Auf einen farbigen Zeichenkarton wird mit Klebstoff ein unsichtbares Bild gemalt. So lange der Klebstoff noch naß ist, können Locherschnipsel, Konfetti oder Metallglimmer darübergeblasen werden und das Unsichtbare erscheinen lassen.

g. Federschaukel

Man spannt einen Faden zwischen zwei Flaschen. Der Faden soll so hoch wie möglich angebracht werden. An diesem Faden befestigt man mittig einen weiteren Faden, an dessen unteres Ende eine Feder gebunden wird. Die Feder sollte knapp über dem Tisch schweben. Nun fordert man zum Blasen auf. Die Feder wird weggeblasen und schwebt durch den Luftwiderstand ganz langsam wieder zurück. In dieser Zeit kann man die Kinder zum Mundschluß beim Einatmen auffordern.

Anstatt zwei Flaschen als Halterung zu nehmen, ist es noch besser, sich ein festes Holzgerüst zu basteln.

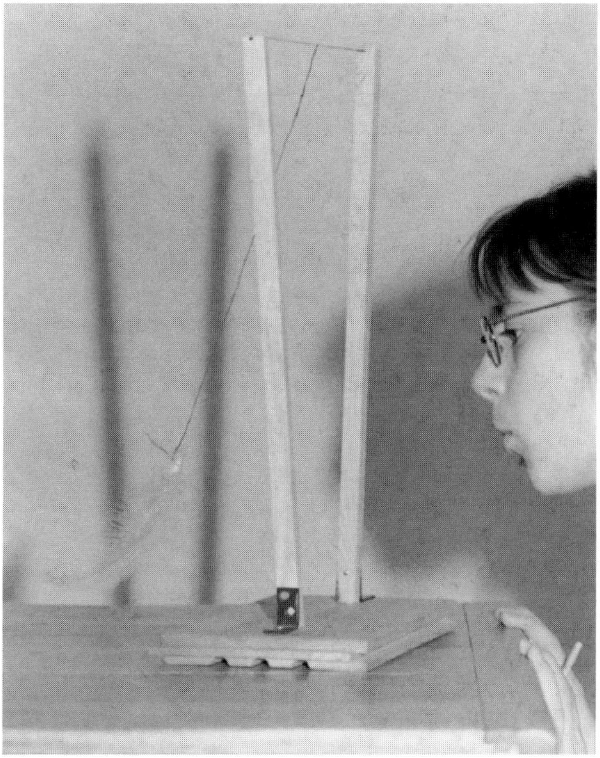

Federschaukel

h. Torepusten

In einen kleinen Pappkarton werden drei Löcher als Tore geschnitten. Die Tore müssen so angebracht werden, daß Watteбälle, leichte Kunststoffbälle, Wattebäusche etc. hineingepustet werden können. Den Karton und das Pustematerial auf den Tisch stellen und es kann los gehen.

6. Artikulationsübungen

a. Silbenübungen

p**a**p	p**a**m
p**e**p	p**e**m
p**i**p	p**i**m
p**o**p	p**o**m
p**u**p	p**u**m
p**ä**p	p**ä**m
p**ü**p	p**ü**m
p**ö**p	p**ö**m
p**eu**	p**eu**m
p**au**p	p**au**m
p**ei**p	p**ei**m

m**a**pp	m**a**mm
m**e**pp	m**e**mm
m**i**pp	m**i**mm
m**o**pp	m**o**mm
m**u**pp	m**u**mm
m**ä**pp	m**ä**mm
m**ü**pp	m**ü**mm
m**ö**pp	m**ö**mm
m**eu**pp	m**eu**mm
m**au**pp	m**au**mm
m**ei**pp	m**ei**mm

b**a**b	b**a**m
b**e**b	b**e**m
b**i**b	b**i**m
b**o**b	b**o**m
b**u**b	b**u**m
b**ä**b	b**ä**m
b**ü**b	b**ü**m
b**ö**b	b**ö**m
b**eu**b	b**eu**m
b**au**b	b**au**m
b**ei**b	b**ei**m

b. Sprechverse

Ziele der rhythmischen Sprechverse:

Sprechverse sind wichtig, um ein Empfinden für den Sprachrhythmus zu wekken. Durch ein mehrmaliges Wiederholen prägt sich der Sprechvers ein und wird nie langweilig, im Gegenteil: er wirkt rhythmisierend auf die Organe des Körpers. Im besonderen ist auf den Atemfluß zu achten, das bedeutet, daß die Sprechverse nicht zu lange Atemphasen haben sollten.

Sie sollten Möglichkeiten bieten, zu einem ökonomischen Atemablauf zu gelangen. Das Wechselspiel von Pause, Ein- und Ausatmung sollte in einem ausgewogenen Verhältnis stehen.

Eine intensivere (fokussierte) Lautbildung bei den sich häufenden Lautgruppen wirkt sich ebenso positiv aus: Das Zwerchfell, als Hauptatemmuskel, erlebt durch die intensivere Lautbildung Widerstände in der Ausatmung. Es gewinnt somit an Stärke und muskulärer Kraft.

Schlangen **sch**leichen **sch**ließlich **sch**leunig **sch**leppend zum **sch**lanken **Sch**lupfloch.

Es **sch**wimmt nur **sch**wer ein **sch**warzes **Sch**wein.

Schwache **Sch**afe haben **sch**öne, **sch**were, **sch**warze **Sch**wänze. Der **Sch**äfer **sch**eint mir ein **sch**limmer **Sch**elm. Er **sch**neidet **sch**önen **Sch**afen **sch**recklich **sch**lecht die **sch**warzen **sch**weren **Sch**wänze kurz.

Der Chef vom **Sch**uhge**sch**äft, Herr **Sch**ön, **sch**ielt **sch**recklich auf **Sch**umacher **Sch**moll. **Sch**moll hat die **Sch**uhe von Herrn **Sch**rimm - die **sch**önen, **sch**warzen **Sch**nürstiefel - so **sch**lecht be**sch**lagen, daß Herr **Sch**rimm nur **sch**lurfend **sch**leichen kann.

Pa**pp**ela**papp** - Pa**pp**ela**papp** - schna**pp** - schna**pp** - du bist ab!
(Mit übertriebener Lippenbewegung sprechen!)

Zauberspruch für meine beiden Lippen
(mit übertriebener Lippenbewegung)

Schi **sch**a **sch**o
ich mach das jetzt mal so!

Schi **sch**a **sch**u
mein Mund, der bleibt nun zu!

Lippenspiel I

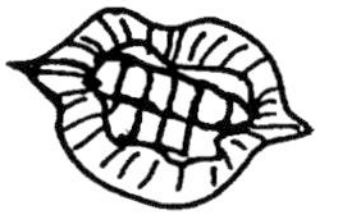

Pi**p** - **p**i**p** - **p**i**p**
spiel doch einmal mit!

Pi**p** - **p**a**p** - **p**a**p**
die Unterli**pp**e hängt hera**b**.

Pie**p** - **p**ie**p** - **p**ie**p**
der Mund, der ist ganz schief.

Pa**p** - **p**a**p** - **p**a**p**
eine Seite zieht hina**b**.

Pa**pp** - **p**a**pp** - **p**a**pp**
alles ist wieder glatt.

Pu**p** - **p**u**p** - **p**u**p**
der Mund, der ist jetzt zu.

Pu**p** - **p**u**p** - **p**i**p**
die Li**pp**en sind sehr spitz.

Pe**p** - **p**e**p** - **p**e**p**
alles Li**pp**enrot ist weg.

Pau**p** - **p**au**p** - **p**au**p**
der Mund ist ganz weit auf.

Pei**p** - **p**ei**p** - **p**ei**p**
nun sind die Li**pp**en **b**reit.

Poi**p** - **p**oi**p** - **p**oi**p**
darüber **b**in ich sehr erfreut.

Lippenspiel II

Sieh mich doch mal an,
was ich mit meinen Lippen kann.

Zuerst ziehe ich sie breit,
sieh, die Lippen werden weit.

Nun forme ich sie zum Blasen rund,
das kann ich alles mit meinem Mund.

Aber Achtung, nun wird es schwer,
schau doch bitte einmal her!

Einen Strohhalm auf der Oberlippe quer,
ich halte ihn mit meiner Lippenkraft sehr.

Beide Wangen sauge ich ein,
ja richtig, so soll es sein.

Kennst du denn noch etwas?
Los, probier es doch - es macht Spaß!

II. Zunge

Die Zunge (Lingua) ist durchzogen von längs (Mm. longitudinales linguae), quer (Mm. transversales linguae) und senkrecht verlaufenden (Mm. verticales linguae) Muskelzügen. Diese Zungenbinnenmuskeln ermöglichen die vielfachen Formveränderungen des Zungenkörpers (Verkürzen, Verschmälern und Strekken, Abflachen und Verbreitern). Die äußeren Zungenmuskeln, der Griffelzungenmuskel (M. styloglossus), der Kinnzungenmuskel (M. genioglossus) und der Zungenbeinzungenmuskel (M. hyoglossus) sind die Verbindung zwischen dem Zungenkörper und dem Skelett. Sie bestimmen die Lage und Beweglichkeit im Mundraum (Zurück- und Aufwärtsziehen, Herausstrecken und Senken) (Thiele u. a. 1992).

Die Verwobenheit der Muskeln miteinander ermöglicht der Zunge fein differenzierte Bewegungen. Die motorische Innervation der Zungenmuskeln erfolgt durch den XII. Hirnnerv (N. hypoglossus).

Viele Zungenbewegungen sind nur möglich durch eine differenzierte Kommunikation mit dem Mundbodenmuskel (M. myolhyoideus) und den Über- bzw. Unterzungenbeinmuskeln.

Die Zungenoberfläche ist durchzogen von verschiedenen Papillen, die Rezeptoren enthalten für Tast-, Schmerz-, Temperaturempfindungen (sensible) und Geschmacksempfindungen (sensorische). Die sensible Versorgung wird vom V. Hirnnerv (N. trigeminus), die sensorische vom VII. und IX. (N. facialis bzw. N. glossopharyngeus) geleistet, je nach Lage der Geschmacksknospen.

Der Zungenrücken ist durch eine mediane Furche in zwei symmetrische Hälften geteilt. Unterhalb der Furche befindet sich das Zungenbändchen (Frenulum). Ein angewachsenes Zungenbändchen (Ankyloglosson) behindert die Zunge in ihrer Beweglichkeit und sollte operativ durchtrennt werden. Ein verkürztes Frenulum kann durch Dehnübungen verändert werden. Zungenform und -größe können nicht isoliert, sondern nur im Zusammenhang mit Kieferform, Gaumenform und Zahnstellung beurteilt werden.

Oftmals wird fälschlicher Weise eine Makroglossie (z. B. beim Down Syndrom) diagnostiziert. Hierbei handelt es sich aber tatsächlich meistens um eine hypotone, vorverlagerte Zunge.

Um die Raumlage zu erfassen sucht sich die Zungenspitze immer einen Anlagepunkt. In der Ruhestellung sollte die Zungenspitze am Ende der Papilla incisiva im vorderen Bereich des harten Gaumens liegen. Dies ist auch die Ausgangsstellung für die Schluckbewegung. Das infantile Schlucken ist im Unterschied dazu vorverlagert.

Die Zunge als Zentrum des orofazialen Systems hat viele lebenswichtige Funktionen. Im Säuglingsalter ist sie das zentrale Wahrnehmungsorgan. Bei der Nahrungsaufnahme schiebt sie die Speise auf die Kauflächen der Zähne, hilft bei der Durchmischung der Speise mit Speichel, sammelt (durch Senken) die Speise zu einem Bolus und transportiert diesen beim Schluckvorgang in das weitere Verdauungssystem. Bei der Artikulation ist sie maßgeblich an der Vokal- und Konsonantenmodulation beteiligt.

Die Zunge kann eine enorme Kraft aufbringen. Wenn sie fehlerhafte Bewegungen z. B. beim Schlucken oder bei der Artikulation ausführt und gegen die Zähne drückt, kann sie diese mit der Zeit um mehrere Millimeter bis Zentimeter verschieben. Auch ist sie formgebend für Gaumen und Kieferbögen. Liegt sie wie bei Mundatmern schlaff auf dem Mundboden, fehlt ihr lateraler Druck gegen den Oberkiefer. Eine Folge davon kann ein schmaler, hoher Gaumen sein.

Äußerlich sichtbare Veränderungen der Zunge sind Rötungen, Zungenbelag, Impressionen an den Rändern (Zahnabdrücke), Risse, Schwellungen, Diastase oder Asymmetrien.

Eine korrekte Artikulation erfordert neben der Zungenbeweglichkeit auch eine hohe Sensibilität und eine gute Bewegungsempfindung der Zunge. Diese Funktionen werden durch die nachfolgenden Spiele und Übungen gefördert. „Oralperzeptive Spiele zielen auf die Verbesserung der oralen Sensibilität und Förderung der oralen Sinne ab, darüber hinaus wirken sie günstig auf die mundmotorische Geschicklichkeit und Bewegungsempfindung." (Hahn, V. in: Bigenzahn, 1995, S. 70)

Die Fähigkeit der Zunge, Gegenstände dreidimensional zu ertasten, nennt man orale Stereognose (Dahan). Im Handel sind spezielle Prüfkörper zum Testen erhältlich. In der Therapie ist in diesem Zusammenhang die Identifikation und Diskrimination z. B. von diversen Körnern und Samen wichtig.

A. Spiele und Übungen zur Sensibilisierung der Zunge

1. Spiele und Übungen ohne Material

a. Geräuschgeschichten

Eine Geschichte wird erzählt, die durch Bewegungen und Zungengeräusche untermalt wird, welche keine Sprachlaute (Phone) sein sollen. Um die Geräusche zu beschreiben, wurden hier Laute ausgewählt, die an den selben Artikulationsstellen produziert werden.

Z. B.: Ein Indianer schläft in seinem Tipi (Schnarchgeräusch: /ch_2/). Der Indianer wacht auf, gähnt und reckt sich (lautes Gähnen: „Uuhaaa!"). Er steht auf, öffnet den Reißverschluß seines Tipis („Ssssit!") und schaut sich um (Hand an die Stirn legen). Oh je! Die Kuh ist weg! Aber sein Pferd ist noch da. Er pfeift sein Pferd zu sich (Pfeifen) und steigt auf. Er reitet durch das Gras (Zungenspitze produziert leise Schmatzgeräusche an den Gaumenfalten im Rhythmus des Hufschlags: „Tete, tete"). Er reitet durch den Sumpf (Lippenschmatzen). Er reitet über eine Brücke (hinteres tiefes Schnalzen mit dem Zungenmittelteil: „Klack-klack, klack-klack"). Er reitet durch die Prärie (vorderes helleres Schnalzen mit der Zungenspitze: „Tick-tock, tick-tock"). Da steht die Kuh und grast! (Kurzes Schnarchgeräusch und Mahlbewegungen des Unterkiefers.) Der Indianer steigt ab, bindet die Kuh an sein Pferd und reitet den Weg zurück: durch die Prärie, über die Brücke... Plötzlich steigt sein Pferd und wiehert („Iiiihhh) ... Es bleibt der Phantasie der Teilnehmer überlassen, wie die Geschichte weitergeht.

b. Fleißige Zunge

1. Zunge schaut nach, was draußen los ist (streckt sich aus dem Mund und zieht sich schnell wieder zurück).

2. Zunge legt sich wieder schlafen (Zunge liegt unbeweglich in /a/-Stellung im Mund).

3. Zunge streckt sich lang und breit (im Wechsel: Zunge streckt sich weit nach vorne und bildet eine Spitze aus und liegt dann breit und flach auf der Unterlippe).

4. Zunge klettert auf den Speicher (Gaumen) und fegt den Speicher aus (von vorne nach hinten, von Seite zu Seite).

5. Sie erholt sich von der Arbeit und denkt an ein Bonbon (Zungenspitze streckt sich seitlich gegen die Wange, was von außen wie ein Bonbon in der Wange aussieht).

6. Jetzt ist sie wieder fit und schaut rechts und links aus ihrem Haus heraus (in die Mundwinkel).

7. Zum Abschluß fliegt sie übermütig von einer Seite zur anderen (von Mundwinkel zu Mundwinkel ohne Lippenkontakt), winkt uns noch einmal zu (Zungenspitze im Mundraum leicht heben und senken) und legt sich wieder schlafen.

2. Spiele und Übungen mit Material

a. Zähneputzen

Die Zunge sowie der gesamte Mundinnenraum wird sensibilisiert mit Hilfe von verschiedenen Materialien. Bei Kindern, die nicht beißen, kann man den eigenen Zeigefinger zur Stimulation benutzen. Der Vorteil liegt in der Möglichkeit, einen unterschiedlichen Druck auf Zunge, Wangen, Alveolen, Gaumen oder im Mundvorhof auszuüben. Es empfiehlt sich dabei die Benutzung eines Fingerlings.

Weiteres Stimulationsmaterial ist ein kleiner oder großer Spatel, der zusätzlich noch an ein Vibrationsgerät gehalten oder geklebt wird, außerdem die ganz normale Zahnbürste oder auch eine elektrische Zahnbürste. Dieser kann man als Variation einen Fingerling überziehen, der im Mundraum hin- und herschlabbert. Um den Zungenkörper zu strecken und zu verschmälern wird vom Zungengrund zur Zungenspitze gestrichen. Um den Tonus zu heben, wird die Zungenoberfläche angetippt.

b. Tippen

Ein Wattestäbchen, das angefeuchtet eingefroren wurde, oder ein mit Mundwasser getränktes Wattestäbchen (fühlt sich kalt und scharf an) tippt verschiedene Stellen im Mund an. Der Patient muß entweder verbalisieren, wo angetippt wurde oder mit der Zunge auch dort hintippen.

c. Schmecken

Diverse Lebensmittel werden in kleinen Stücken bei geschlossenen Augen auf die Zunge gelegt. Aufgabe ist es, ihren jeweiligen Geschmack zu erraten.

d. Mundkimspiele

Verschiedene Lebensmittel werden bei geschlossenen Augen auf die Zunge gelegt. Dieses Mal sollen sie über die Form, Beschaffenheit und Konsistenz erraten werden (orale Stereognosefähigkeit). Wenn man zwei verschiedene Lebensmittelstückchen auf die Zunge legt, müssen diese unterschieden und erkannt werden.

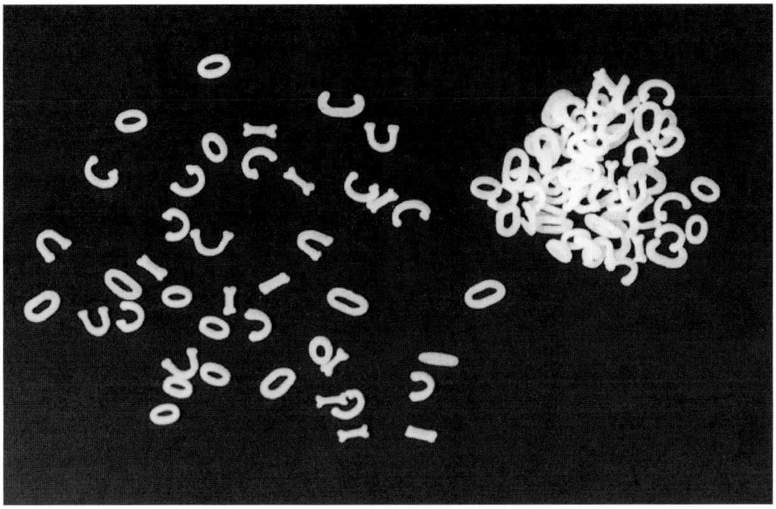

Rettungsring-Tunnel-Knochen

e. Rettungsring-Tunnel-Knochen

Aus Buchstabennudeln werden zuvor drei Formen herausgesucht. Der Buchstabe „O“ stellt einen Rettungsring, der Buchstabe „C“ einen Tunnel und der Buchstabe „I“ einen Knochen dar. Bei geschlossenen Augen wird einem Spieler ein Buchstabe auf die Zunge gelegt. Der Spieler soll erraten, um welchen Gegenstand es sich handelt.

Variation: Zwei Buchstaben werden bei geschlossenen Augen auf die Zunge gelegt.

Formen erraten

f. Formen erraten

Vor Spielbeginn werden aus dünnen Möhrenscheiben Grundformen geschnitzt (z. B. Kreuz). Eine Möhrengrundform wird nun bei geschlossenen Augen auf die Zunge gelegt. Die Form soll erraten werden. Im Anschluß darf die Form zerkaut werden. Der Mund soll danach gründlich gereinigt werden (Spülmaschine). Es ist ratsam, unterschiedliche Grundformen anzubieten, sonst ist es zu einfach.

Variation: Die Form wird „an den Punkt" gedrückt, beschrieben, benannt oder aufgemalt.

g. Zungenmalen

Mit einem befeuchteten Wattestäbchen (mit Wasser verdünntes Mundwasser) oder einem Bergkristall wird auf die herausgestreckte Zunge ein Tannenbaum gemalt. Bei älteren Kindern können es Zahlen oder Buchstaben sein. Diese sollen dann erraten werden. Danach findet ein Rollentausch statt.

h. Punkteraten

Jeder Spieler braucht zwei Zahnstocher. Ein Spieler beginnt und pickt mit seinem Zahnstocher z. B. achtmal ganz leicht auf die herausgestreckte Zunge. Der andere Spieler nennt nun die Anzahl der Punkte. Dann findet ein Rollentausch statt.

B. Spiele und Übungen zur Kräftigung der Zunge

1. Spiele und Übungen ohne Material

a. Zungengymnastik I

1. Zunge sagt „Guten Tag“: Zunge berührt nacheinander Kinn, Nase (wenn möglich), rechten bzw. linken Mundwinkel (ohne Berührung der Lippen!), Mitte der Oberlippe und Unterlippe, die rechte/linke Wangentasche, Gaumen, Mundboden. Es können anstatt kurzer Berührungen auch Leckbewegungen an den Stellen ausgeführt werden.

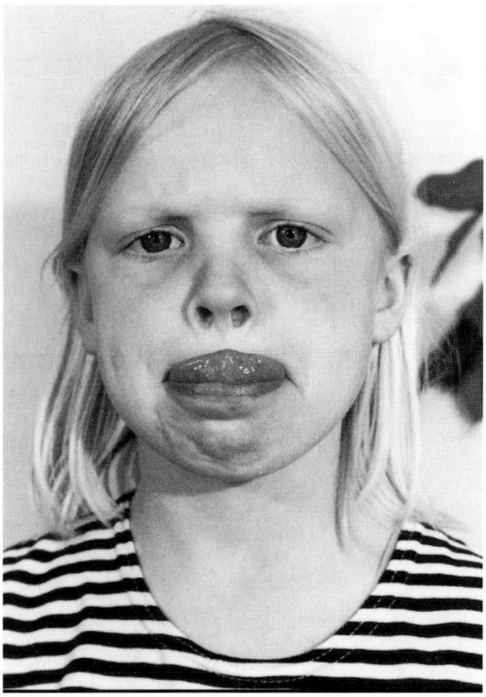
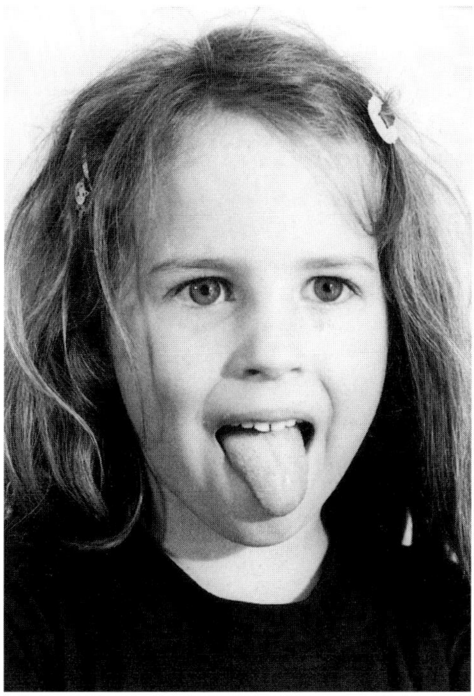

Zungengymnastik I

2. Zunge putzt die Lippen: Zunge leckt in kreisenden Bewegungen die Lippen rundherum und andersherum ab.

3. Zunge rollt sich ein: Zunge wird gerade aus dem Mund herausgestreckt und bildet ein „Röhrchen“ (Zungenränder berühren sich) oder eine „Rille“, durch die das Kind blasen kann. Das Röhrchen bzw. die Rille sollen erhalten bleiben, auch wenn die Zunge sich dabei in den Mund hinein und aus dem Mund herausbewegt.

4. Zunge putzt die Zähne: Zunge berührt jeden einzelnen Zahn (vom letzten Backenzahn unten rechts nach links und dann nach oben bis zum letzten Backenzahn oben rechts). Wer noch besser putzen will, putzt die Innenseite der Zähne, die Kaufläche der Zähne und die Außenseite (Wangenseite) der Zähne.

5. Lippenuhr: Zunge tippt unterschiedliche Punkte (Uhrzeiten) der rundgeformten Lippen an.

Variation: Bei allen Übungen kann das Tempo variiert werden.

b. Zungengymnastik II

1. Zungenspitze rollt sich nach hinten ein, die Lippen sind leicht geöffnet. Die Oberlippe hat Kontakt zur Zungenunterseite. Nun wird mit einem Ausatemstrom die Zungenspitze aus dem Mund gepustet.

2. Zahlen werden mit der Zungenspitze an den Gaumen gemalt.

3. Schmatzen: die vordere Zunge produziert schmatzende Geräusche am Gaumen (ähnlich wie ein stimmloses „Tetete“).

4. Schnalzen: die gesamte Zunge saugt sich am Gaumen fest und löst sich schlagartig (dunkles Klackgeräusch).

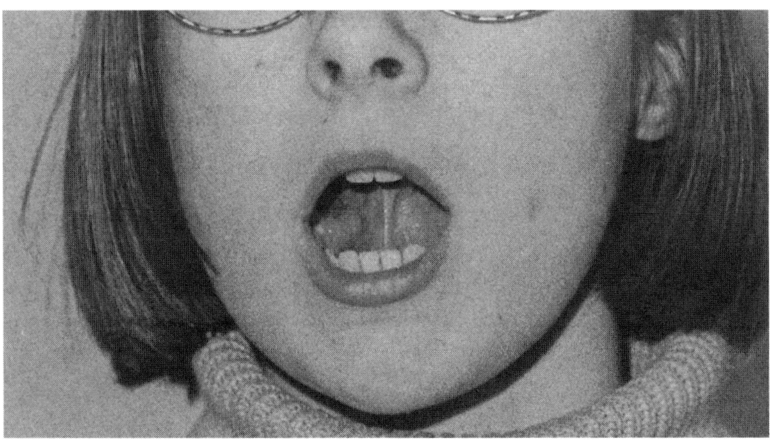

Zungengymnastik II

5. Zungenbändchen dehnen: die gesamte Zunge saugt sich am Gaumen fest, während sich der Unterkiefer senkt und hebt. Weltmeister ist, wer dabei noch die Zunge nach rechts und links verschieben kann.

c. Zungengymnastik III

1. Zunge an den Mundwinkel legen und mit Anstrengung ganz weit über den Mundwinkel zur Seite hinausschieben.

2. Steuerknüppel: Bei geöffneten Lippen und Zahnreihen wird nach Anweisung der Therapeutin, die mit einem Stab in der Hand verschiedene Richtungen vorgibt, die Zunge genau in die vorgegebene Richtung bewegt.

3. Bei leicht geöffneten Lippen und Zahnreihen wird die Zunge an den Zahndamm (Alveolen) über die oberen Schneidezähne und unter die unteren Schneidezähne gestemmt.

d. Zungenscheibenwischer

Die Zunge wird breit in Richtung Nase auf die Oberlippe gelegt und bewegt sich wie ein Scheibenwischer breit und flach von links nach rechts.

e. Schaukel

Die ganze Zunge wird an den Gaumen gesaugt. Das Zungenbändchen ist gedehnt. In dieser Haltung lockert sich im Wechsel eine Zungenseite, während die andere fest angesaugt bleibt. Es ergibt sich eine schaukelnde Bewegung.

f. Welle

Die Zungenspitze liegt an den Gaumenfalten (L-Stellung). In einer Wellenbewegung saugt sich der mittlere Teil der Zunge an den Gaumen, dann der hintere Teil der Zunge, so daß die ganze Zunge an den Gaumen gesaugt ist. In umgekehrter Weise löst sich die Zunge wieder vom Gaumen (Dreierrhythmus beachten und langsam ausführen).

g. Zungenrutsche

Die Zungenspitze ist an den Gaumen angesaugt, das Zungenbändchen gedehnt. In dieser Spannung rutscht der ganze Zungenkörper zu einer Seite bis hin zu den Backenzähnen, wieder zurück zur Mitte und zur anderen Seite hin.

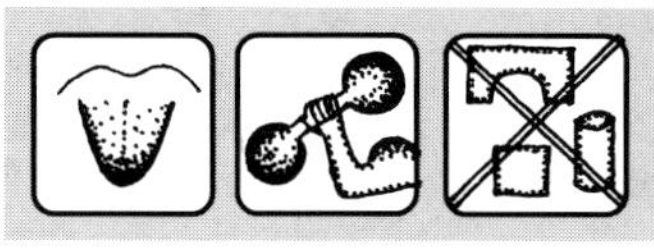

h. Zungenwendsprache

Die Zunge wird im Mundraum eingerollt, das heißt, die oberen Schneidezähne beißen leicht auf die Unterseite der nach hinten geklappten Zunge. Dieses ist die neue Sprache. Die Spieler unterhalten sich oder spielen ein Ratespiel auf diese neue Art und Weise.

i. Schnalzliederraten

(s. S. 20) Die Zunge ist in diesem Spiel das Instrument. Es wird ein bekanntes Lied geschnalzt. Wer es erraten kann, ist als nächster Spieler an der Reihe.

j. Im Zungenhimmel

Der gesamte Zungenkörper wird an den Gaumen gesaugt (Zungenhimmel). Hierbei muß das Zungenbändchen (Frenulum) sichtbar sein und wird unter Spannung gedehnt. Ein anderer Spieler zählt laut. Wie lange kann die Spannung gehalten werden?

k. Schnalzwürfel

Für dieses Spiel würfelt man mit einem Zahlenwürfel. Die Augenzahl, die gewürfelt wird, muß im Anschluß geschnalzt werden.

Variation: Einmal laut und einmal leise schnalzen.

l. Zungensprache

Die Zungenspitze wird „an den Punkt“ gelegt. Sie bleibt während des Sprechens an diesem Punkt. Dabei werden alle Zischlaute lateral ausgesprochen. In dieser neuen Sprache können nun Ratespiele gespielt werden oder es kann ein Witz, eine Geschichte erzählt werden.

m. Ohne-Zungen-Sprache

Bei dieser Sprache liegt die Zunge schwer am Mundboden. Sie sollte sich beim Sprechen nicht bewegen. Wie bei der Zungensprache (s.o.) kann man nun beliebige Sprachspiele ausprobieren.

2. Spiele und Übungen mit Material

a. Fernsteuerung

Ein Strohhalm (Schaschlikstäbchen, Spatel, Salzstange etc.) wird mit einem Ende etwa 3 cm weit in den Mund hinein auf die Zunge gelegt und mit den Lippen gehalten. Die Zungenspitze bewegt jetzt den Strohhalm in alle Richtungen. Die Therapeutin hält die „Fernsteuerung" (Stab) in der Hand und gibt die Bewegungsrichtungen vor.

Zungenangel

b. Zungenangel

In einen Baumwollfaden wird oben eine Schlaufe geknotet und unten ein Magnet befestigt. Die Schlaufe wird über die Zungenspitze gehängt. Die Zunge muß spitz geformt sein und nach oben weisen. Mit dieser Angel können alle magnetischen Gegenstände oder z. B. mit Büroklammern versehene Bildkarten geangelt werden.

c. Kran

An einen Faden aus Nähgarn werden kleine Lebensmittel (Gummibärchen, Apfelstückchen etc.) gehängt. Eine Schlaufe am Ende des Fadens wird über die Zunge gelegt. Durch kreisende Bewegungen mit der Zunge rollt sich der Faden auf wie bei einer Winde, bis das ersehnte Stück die Lippen erreicht und gegessen werden kann.

Zaubern

d. Zaubern

Ein Stück Oblate (Eßpapierstück oder Prothesenhaftpolster, s. u.) wird auf die Zungenspitze gelegt. Dann wird die Oblate mit einem Schnalzer an den Gaumen geklebt. Ein Partner zaubert sie schnell mit „Hokus Pokus" weg. Alle Zuschauer können sich überzeugen, daß die Oblate weg ist. Beim zweiten „Hokus Pokus" wird durch nochmaliges Schnalzen die Oblate wieder hergezaubert und liegt für alle sichtbar auf der Zungenspitze. Wenn man zu langsam arbeitet, löst sich die Oblate nicht mehr gut und muß mit der Zungenspitze vom Gaumen „abgekratzt" werden. Diese Übung eignet sich gut zum Anbahnen des Zungenruhepunktes und ist ein gutes Krafttraining für die Zunge.

Variation: Mit einem Motivlocher lustige Formen ausstanzen.

Prothesenhaftpolster ist in Drogerien erhältlich. Es besitzt eine enorme Haftkraft. Vor Verwendung wird das Prothesenhaftpflaster wenige Sekunden in handwarmes Wasser gelegt, so daß es aufquillt. Es eignet sich besonders für Patienten, die keine Backoblaten mögen.

e. *Haselnüsse*

1. Bei geschlossenen Lippen versteckt das Kind eine Haselnuß im Mundraum. Die Therapeutin errät, wo sich die Nuß befindet.

Variation: Das Kind bewegt die Nuß ganz schnell durch den Mundraum an verschiedene Stellen und die Therapeutin sucht.

2. Eine Haselnuß (Rosine oder Erdnuß) wird an den Gaumen gedrückt und dort gehalten. Obwohl der Kiefer sich so weit wie möglich öffnet und schließt, bleibt die Nuß am Gaumen.

3. Eine Haselnuß wird gut zerkaut und die Zunge hat die Aufgabe, möglichst schnell und gründlich alle Haselnußreste im Mundraum zu sammeln und herunterzuschlucken. Mit den Kindern im Spiegel nachsehen.

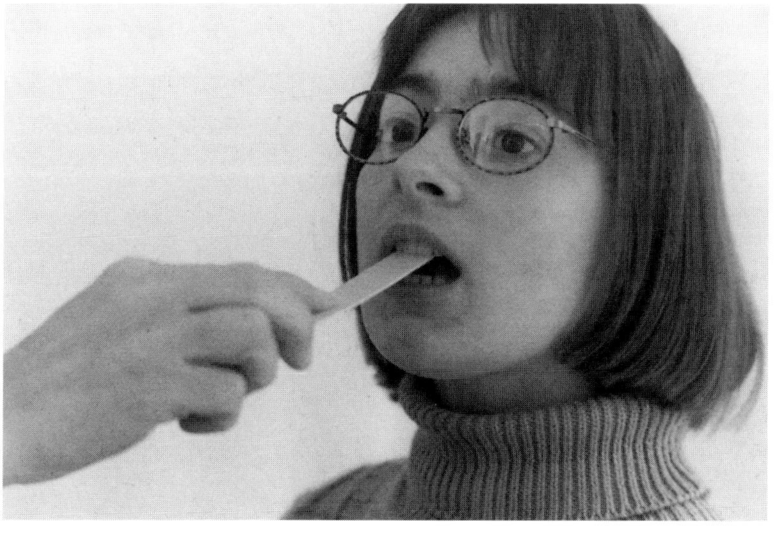

Zungenkampf

f. *Zungenkampf*

Therapeutin sagt: „Darf ich nun den Zungenkämpfer vorstellen?“ Er trainiert zunächst einmal:

1. Ein Spatel (Strohhalm) wird ca. 2 cm weit auf die Zunge gelegt und an den Gaumen gepreßt festgehalten.

2. Jetzt wird der Spatel mit der schmalen Seite hochkant auf die Zunge gestellt und, ohne daß er umklappt, gegen den Gaumen gedrückt. Vorsicht! Nicht wakkeln!

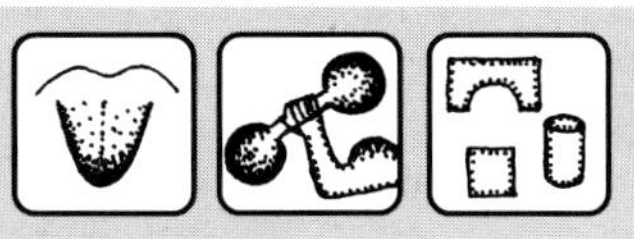

3. Nun wird ein quer zur Zunge liegender Spatel auf die herausgestreckte Zungenspitze gelegt und dort in alle Himmelsrichtungen bewegt.

4. Er kann dabei sogar noch Figuren wippen! Auf beide Enden wird eine Figur aufgeklebt.

5. Auch Gewichte halten kann er. Dabei werden zwei kleine Gewichte oder zwei kleine Mobiles an jede Seite gehängt.

6. Nach diesen Vorbereitungen kommt es zur schwierigsten Übung: dem Zungenkampf. Therapeutin: „Ich halte jetzt das andere Ende des Spatels fest und versuche die Zungenspitze herunterzudrücken." (Spatel liegt ca. 2 cm weit im Mund auf der Zungenspitze. Gedrückt wird waagerecht in Richtung Mundboden.) Der Therapeutin sollte es nicht gelingen, die Zungenspitze herunterzudrücken, so daß anschließend ein Applaus und eine Belohnung fällig sind.

g. Tablett

Ein kleines Nahrungsstück (Nuß, Nudel, Rosine, Oblate etc.) wird auf die Zunge gelegt und behutsam auf der Zunge balanciert, nach rechts und links, heraus und herein, ohne daß das Nahrungsstück herunterfällt.

h. Schnurrbart

Ein Spatel wird präpariert: Auf die Unterseite wird ein Schnurrbart gemalt, auf die Oberseite eine rote Clownslippe. Die Zunge hält den quer auf der Oberlippe liegenden Spatel fest, indem sie mit der Zungenspitze von außen gegen den Spatel drückt. So wird die Unterseite des Spatels, der Schnurrbart, sichtbar. Mit den Händen wird dann der Spatel auf die Unterlippe gelegt und mit der Zunge angedrückt. Jetzt ist eine dicke rote Clownsunterlippe zu sehen.

i. Zungenwickel

1. Zunge umhüllt ein längs auf ihr liegendes Strohhalmstück.

2. Zunge umgreift einen quer auf ihr liegenden Strohhalm (Strohhalm liegt in den Mundwinkeln). Anstelle des Strohhalms können auch Salzstangen oder dünne Weingummistückchen benutzt werden.

j. Streuselessen

Vorbereitungen wie Clown (s. S. 22). Bei diesem Spiel wird der Streusel mit der Zungenspitze aufgenommen. Dazu muß die Zungenspitze weit über die Lippen hinausgestreckt werden und tastet auf dem Teller nach den Lebensmitteln.

3. Artikulationsübungen

a. Zungenspielereien

Die Zunge bewegt sich hin und her,
kreuz und quer und rundherum.

Sie bewegt sich her und hin,
doch dann ist sie im Mundraum drin.

Da bewegt sie sich hin und her.
Du siehst die Beule in der Wange sehr.

Los, dann versuch doch mal die Zunge zu schnappen.
Nein, wirklich, es will nicht klappen?

Vor Deinen Zähnen kreist die Zunge rundherum -
ab und zu ändert sie die Richtung, denn die Zunge ist nicht dumm!

b. Spiel mit der Zunge

Jetzt ist aber noch die Zunge dran,
vorm Spiegel schau'n wir sie uns an.

Sie kann sich ganz weit strecken,
im Anschluß Lippen lecken.

Und ist sie wieder im Munde drin,
so streckt sie sich zum Gaumen hin.

Jetzt geht sie in den Mund hinein
und leckt die Zähne ganz schnell rein.

Sie begrüßt dort jeden Zahn im Munde,
bevor sie dreht eine lange Runde.

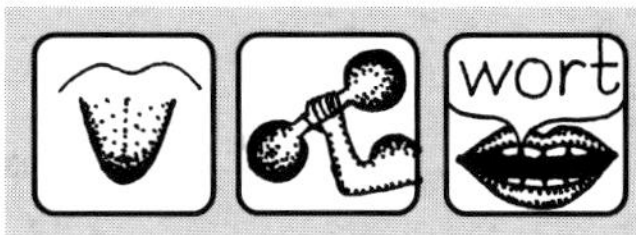

c. Die Zunge Zwickel-Zwackel

Zwickel, zwackel, zweck
meine Zunge ist nun weg.

Zwickel, zwackel, zwenn,
ja, wo ist sie denn?

Zwickel, zwackel, zwick,
sie ist aus meinem Blick.

Zwickel, zwackel, zwinn,
sie ist in meinem Munde drin.

Zwickel, zwackel, zwock,
sie schiebt sogar den Stock.
(Die Zungenspitze schiebt einen Holzspatel nach vorne.)

Zwickel, zwackel, zwonn,
stark wird sie davon.

Zwickel, zwackel, zweck,
sie klebt an einem ganz bestimmten Fleck.
(Hiermit ist die Zunge „am Punkt“ gemeint.)

Zwickel, zwackel, zwehn,
ich zähle nun bis zehn.
(Solange bleibt die Zunge „am Punkt“.)

Zwickel, zwackel, zwück,
sie zieht sich rasend schnell zurück.

Zwickel, zwackel, zwünn,
sie macht sich schmal und dünn.

Zwickel, zwackel, zwuck,
sie schnellt heraus mit einem Ruck.

Zwickel, zwackel, zwuhn,
und was macht sie nun?

Die ZUNGE

Zunge hinter die oberen Schneidezähne stellen.

Zunge heraus strecken.

Zunge liegt flach im Mund.

Leicht auf die Zungenspitze beißen.

Zunge " tippt " am Gaumen entlang- soweit wie möglich nach hinten.

Zunge schnell aus - und wieder in den Mund führen.

Zunge " schwebt "im Mundraum.

Zunge klebt am Gaumen.

B.95

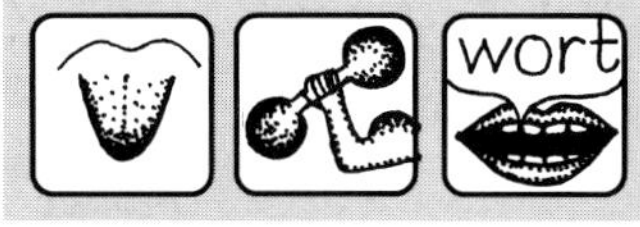

4. Wortlisten

a. Für den vorderen Teil der Zunge

Die Zungenspitze hat Kontakt mit den Gaumenfalten, liegt „am Punkt“.

dahin **d**ich**t** **D**iä**t** **D**a**tt**el **D**och**t** **D**rah**t** **d**ehnen **d**or**t** **D**ue**tt** **d**ann **d**enn **D**übel **D**elle **D**uf**t**

Da **d**u **d**och **d**as **d**icke **D**ing **d**ami**t** **d**rehs**t**, **d**enke **d**aran, **d**aß **d**u **d**ir **d**en **d**icken **D**reck **d**avon**d**rücks**t**.

Der **d**icke **D**ie**t**er **d**rück**t** **d**en **d**icken **D**aumen **d**urch **d**ie **d**ünne **D**ose. **D**a **d**ank**t**e **d**er **d**ünne **D**aniel **d**em **d**icken **D**ie**t**er, **d**aß **d**er **d**icke **D**ie**t**er **d**ie **d**ünne **D**ose geöffne**t** ha**t**.

Lot **l**aut **l**ehnt **L**icht **l**oben **L**ift **L**ied **L**uft **L**aden **l**eicht **l**a**ll**t **l**achen **L**and **l**eben **l**ebhaft **l**egen **l**eiden

Li**ll**is **l**i**l**a **L**uftba**ll**on zerp**l**atzt mit **l**autem Kna**ll**.

Li**ll**i **l**a**ll**t **l**eider **l**aute **L**ieder.

nicht **N**abel **N**aht **n**achhole**n** **n**achlege**n** **n**achlaufe**n** **n**ett **N**achricht **n**äht **N**ot **N**otfall **N**agel **N**acht **N**achteil **n**e**nn**t **N**acke**n** **n**ähe**n** **n**age**n** **n**iete**n** **N**ame**n** **n**eige**n** **n**ippe**n** **n**ei**n** **N**eid **n**u**n** **n**eide**n** **n**eu**n** **N**udel **N**ull

Neu**n** **N**o**nn**e**n** **n**ähe**n** **n**eu**n** K**n**öpfe a**n**.

Nachts **n**iese**n** **n**eu**n** **N**o**nn**e**n** **n**eu**n** **N**üsse **n**aß.

Tafel **T**a**t** **T**ak**t** **t**u**t** **t**ü**t** **T**o**t** **t**oll **T**alen**t** **T**od **t**o**t**al **t**ö**t**en **T**ri**tt** **T**ro**tt** **t**eil**t** **t**au**t** **t**un **T**al **T**on **T**eil **T**e**dd**y **T**in**t**e

Mi**tt**en im **T**al **t**u**t**e**t**e **T**e**dd**y lau**t**.

b. Für den mittleren Teil der Zunge

Chemie **Ch**emiker **Ch**inese **Ch**ina **J**ubel **J**udith **J**udo **J**uli **j**uckt

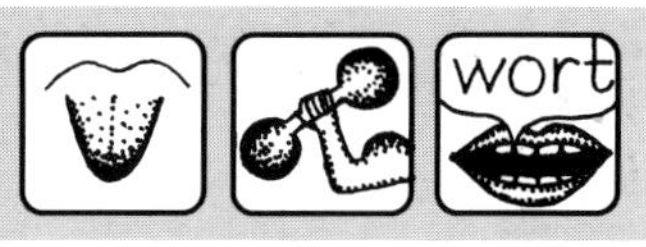

c. Für den hinteren Teil der Zunge

keck **kick** **K**ios**k** **K**omi**k** **K**onfe**k**t **K**osmeti**k** **K**erami**k** **K**al**k** **k**alt **k**o**k**ett **K**luft **K**ni**ck** **K**na**ck** **K**li**ck** **K**la**ck** **k**lug **K**lini**k** **K**atalog **k**ran**k** **K**rawall **K**nall **K**erl **K**a-bel **K**amel **K**anal **K**egel **K**apitän **K**amin **K**amm **k**auen **k**ein **K**ern **k**leben **k**lein

Gepä**ck** **G**eni**ck** **G**eltun**g** **G**edan**k**e **g**efan**g**en **g**e**k**ni**ck**t **G**on**g** **G**an**g** **g**in**g** **g**u**ck** **G**arn **G**eburt **G**lut **g**ut **g**elo**ck**ert **G**aul

Komm, **k**ec**k**er **K**erl und **k**aue!

Kleine **K**inder **k**önnen **k**eine **k**na**ck**igen **K**irsch**k**erne **k**na**ck**en.

Sprechvers I

Ni**ng**, no**ng**, na**ng**,
meine Zu**ng**e, die ist la**ng**.
Na**ng**, no**ng**, ni**ng**,
sie hält nun diesen Ri**ng**.
Ni**ng**, ni**ng**, no**ng**,
stark wird sie davon.
Ni**ng**, no**ng**, na**ng**,
am Zu**ng**enhimmel klebt sie dran.
No**ng**, no**ng**, ni**ng**,
ja, das ist doch wohl ein Di**ng**!
Ni**ng**, ne**ng**, ne**ng**,
das ist ja ganz schön e**ng**.
Nu**ng**, nu**ng**, nu**ng**,
nun macht sie einen Spru**ng**.

Sprechen Sie den oben aufgeführten Text langsam und deutlich. Das Kind führt dabei die Übungen durch. Das /ng/ wird bewußt in seiner Aussprache verzögert. Dadurch erfährt der Zungenrücken eine muskuläre Stärkung.

Sprechvers II

Co**c**a-**C**ola, Tee, **K**a**k**ao
trin**k**en **K**inder gern,
kauen **K**uchen**k**rümel,
Kirschen, Trauben,
Printen, Mandel**k**ern.

III. Kaumuskulatur und Kiefergelenk

Die Kaumuskulatur

Die Kaumuskulatur besteht im wesentlichen aus vier verschiedenen Muskeln: dem Schläfenmuskel (M. temporalis), dem eigentlichen Kaumuskel (M. masseter), dem inneren Flügelmuskel (M. pterygoideus medialis) und dem äußeren Flügelmuskel (M. pterygoideus lateralis). Temporalis und Masseter sind zwei stark wirkende „Zubeißer", d. h. sie schließen den Kiefer. Unterstützt werden sie durch den M. pterygoideus medialis.

Die Kieferöffnung bewirken die Mundbodenmuskeln: der zweibäuchige Muskel (M. digastricus), der Kinn-Zungenbein-Muskel (M. geniohyoideus) und der Mundbodenmuskel (M. mylohyoideus). Auch die Schwerkraft zieht den Unterkiefer (Mandibula) nach unten.

Um eine Rotation des Unterkiefers beim Zermahlen der Speise zu ermöglichen, tritt der äußere Flügelmuskel in Aktion. Bei einseitiger Kontraktion bewegt er den Unterkiefer zur Gegenseite hin. Außerdem initiiert er den Kiefervorschub durch beidseitige Kontraktionen. Er gilt als Führungsmuskel für das Kiefergelenk.

Das Zurückziehen des Unterkiefers bewirkt der M. temporalis. Geschluckt wird in der Kieferschlußstellung. Aktiv sind folglich: M. temporalis, M. masseter und M. pterygoideus medialis.

Tonusveränderungen oder Störungen des Bewegungsablaufs beim Kauen haben Einfluß auf die Situation im Kiefergelenk.

Eine Bewegungsharmonie beim Kauen sowie ein fester Zubiß - unter Berücksichtigung der Zahnstellung - sind Ziele der Myofunktionellen Therapie wie auch der Sprachtherapie im allgemeinen.

Das Kiefergelenk

Das Kiefergelenk besteht aus den knöchernen Strukturen des Kiefergelenkköpfchens (Caput mandibulae) und der Kiefergelenkgrube (Fossa articularis) des Schläfenbeins (Os temporale).

Die Kiefergelenke arbeiten stets als Gelenkpaar. Sie ermöglichen verschiedene Bewegungen. Die Gelenkkapsel ist locker und reich an elastischem Material. Dadurch sind ausgedehnte Bewegungen im Kiefergelenk möglich.

Drei unterschiedliche Kiefergelenkbewegungen sind möglich:

1. Öffnungs- und Schließbewegungen des Mundes (Scharnierbewegung)

2. Vor- und Rückwärtsbewegungen des Kiefers (Schlittenbewegung)

3. Seitbewegungen des Kiefers

Die Kaubewegung (Mahlbewegung) ist stets eine kombinierte Bewegung, bei der alle drei Bewegungsformen in komplexer Weise zusammenwirken. Beeinflußt werden diese Kiefergelenkbewegungen von der Form der Gelenkflächen, der Zahnstellung sowie der Kaumuskulatur.

Die Zahnreihen dienen als Führungsflächen bei der Kaubewegung. Gebißanomalien sowie abweichende orofaziale Bewegungsmuster haben Einfluß auf die Form der Kiefergelenkflächen und somit auf den Ablauf der Kiefergelenkbewegungen.

Bewegungsstörungen der Kaumuskulatur können sich in schmerzhaften Symptomen äußern. Eine dauernde, unter Umständen seitenungleiche Anspannung der Kaumuskulatur und somit Fehlbelastung beider Kiefergelenke kann zu Gesichts- oder Kopfschmerzen oder auch Kiefergelenkbeschwerden führen.

A. Spiele und Übungen zur Sensibilisierung der Kaumuskulatur und des Kiefers

1. Spiele und Übungen ohne Material

a. Weites Öffnen des Kiefers

Beide Handflächen des Übenden liegen seitlich an den Kiefergelenken. Der Kiefer wird möglichst weit geöffnet und wieder geschlossen. Die Handflächen spüren dabei die Bewegung beider Kiefergelenke.

b. Fischmaul

Beide Handflächen des Übenden liegen seitlich an den Kiefergelenken. Der Kiefer wird langsam geöffnet und ebenso langsam wieder geschlossen. Die Handflächen spüren dabei die Bewegung beider Kiefergelenke.

c. Gähnübung

Der Mund wird weit geöffnet (wie beim kräftigen Gähnen), der Unterkiefer hängt dabei locker herab. Dieses kann eventuell noch unterstützt werden, indem beide Handflächen des Übenden den Kiefer nach unten hin abstreichen.

d. Mund öffnen

Der Mund wird möglichst weit geöffnet und mit lockerem Lippenkontakt wieder geschlossen.

e. Mund öffnen und schließen

Der Mund wird möglichst weit geöffnet und mit einem festen Lippenkontakt geschlossen (darf auch Geräusche erzeugen).

f. Weiche Kaubewegungen

Bei geschlossenen Lippen werden weiche Kaubewegungen produziert, dabei kann ein /m/ gesummt werden. Die beiden Handflächen können das Kiefergelenk ertasten.

g. Imaginäres Kaugummi

Der Spieler stellt sich vor, er habe Kaugummi im Mund. Mit einer ausführlichen, genüßlichen Kaubewegung zermahlt er es.

h. Theatralisches Kauen

Der Spieler macht kräftige, übertriebene Kaubewegungen mit geschlossenem Mund. Dabei ist auf einen natürlichen Mundschluß zu achten (mögliche Vorstellungshilfen: z. B. an ein großes Stück Fleisch denken).

i. Klapperbewegungen

Der Spieler führt schnelle „Klapperbewegungen" mit seinem Kiefer aus. Die Zähne erzeugen ein Geräusch. Es ist wichtig, daß dies rhythmisch geschieht. Vorteilhaft ist es, in der Übung langsam zu beginnen, um dann immer schneller werden zu können.
Variation: Das Klappergeräusch mal mehr mit der rechten Seite und mal mehr mit der linken Seite erzeugen.

j. Schnelle Kieferbewegungen

Der Spieler öffnet und schließt seinen Kiefer, aber ohne daß sich die Zahnreihen berühren (Übung für Fortgeschrittene). Auch hier ist zu beachten, daß diese Übung rhythmisch durchgeführt wird.

k. Geöffneter Kiefer

Der geöffnete Kiefer wird seitlich verschoben. Er soll nach links und wieder in die Mitte und dann nach rechts geschoben werden.

l. Kreisen mit dem Kiefer

Der Übende führt kreisende Kieferbewegungen bei geschlossenem Mund durch. Nach einigen Sekunden erfolgt ein Richtungswechsel. Die Handflächen können spürend die Kiefergelenksbewegungen tasten, indem sie seitlich an den Kiefergelenken liegen.

m. Vorgeschobener Unterkiefer

Bei geschlossenem Mund wird der Unterkiefer langsam vorgeschoben. Es findet eine Dehnung in der Kaumuskulatur statt (für manche Übende unangenehm).

n. Affenmaul

Bei geschlossenem Mund wird die Zunge hinter die Oberlippe gesteckt. Der Kiefer macht öffnende und schließende Bewegungen, ohne daß sich die Lippen öffnen.

o. Kiefergelenk abklopfen 

Mit leichten Klopfbewegungen der Fingerspitzen rund um das Kiefergelenk wird die Muskulatur in diesem Bereich stärker durchblutet und somit der Muskeltonus positiv beeinflußt. Der Mund ist dabei geschlossen, die Zahnreihen haben keinen Kontakt.

2. Spiele und Übungen mit Material

a. Kiefergelenkstreicheln

Die Therapeutin führt mit einer Feder oder einem Kosmetikpinsel rund um das Kiefergelenk leichte Streichbewegungen durch. Der Mund ist dabei geschlossen. Dabei kann auch der Sprechvers vom Ober- und Unterkiefer gesprochen werden (s. S. 91).

b. Kiefergelenkvereisen

Die Therapeutin führt mit einem Eispaket (Cold-pack) leichte Streichbewegungen rund um das Kiefergelenk durch. Die Bewegungen können streichend oder tupfend durchgeführt werden. Der Mund ist dabei geschlossen. Dabei kann wiederum der Sprechvers begleitend eingesetzt werden.

c. Bergkristallmassage

Für diese Übung wird ein Bergkristall benötigt. Der Übende selbst streicht oder klopft mit dem Bergkristall rund um das Kiefergelenk. Der Bergkristall kann mit der Spitze (Klopfen und Tupfen) verwendet werden oder aber auch über das Kiefergelenk gerollt (abgestrichen) werden.

B. Spiele und Übungen zur Kräftigung der Kaumuskulatur

1. Spiele und Übungen ohne Material

a. Zähnezusammenbeißen

Die Zahnreihen werden fest verschlossen (kräftig zubeißen). Nach kurzer Zeit sollte man die Spannung auflösen, um dann im Anschluß daran wieder zuzubeißen (im rhythmischen Wechsel). Der Mund kann dabei geschlossen bleiben.

Zähnezusammenbeiß-Sprache

b. Zähnezusammenbeiß-Sprache

Die Zahnreihen fest verschlossen halten, kräftig zubeißen. Nun wird versucht, in dieser Haltung verständlich zu sprechen. Es kann ein Witz erzählt oder ein Ratespiel gemacht werden.

c. Zählen

Die Zähne werden zusammengebissen, beide Handflächen liegen seitlich und spüren eine starke Muskelbewegung. Aufgabe ist es nun, mit zusammengebissenen Zähnen zu zählen. (In Garliners MFT-Übungsprogramm wird diese Übung „Masseter-Zählübung" genannt.) Es ist wichtig, langsam und deutlich zu zählen - maximal bis 20.

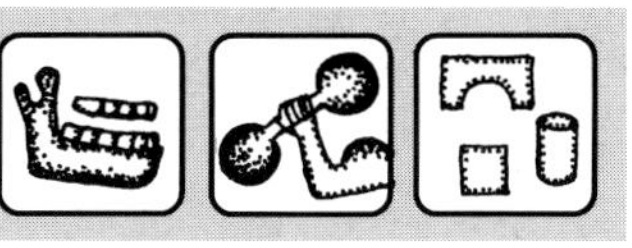

2. Spiele und Übungen mit Material

a. Kau-Schlauch

Der Kau-Schlauch (s. u.) wird zwischen die Backenzähne gelegt. Nun soll kräftig zugebissen und wieder losgelassen werden (im rhythmischen Wechsel). Der Kau-Schlauch kann einseitig oder rechts und links zwischen die Kauflächen gelegt werden, je nach Übungsziel.

Variation: Zu einem späteren Zeitpunkt kann die Übung erschwert werden, indem ein dünnerer Kau-Schlauch in den dickeren hineingeschoben wird. Das erfordert noch mehr muskuläre Kraft und stärkt somit die Kaumuskeln.

Der Kau-Schlauch (Naturkautschuk) ist in Spezialgeschäften für Gummiwaren in unterschiedlichen Stärken erhältlich. Für den Beginn eignet sich ein weicher Kau-Schlauch mit einer Wandstärke von 2 mm (Durchmesser ca. 6 mm).

b. Korkensprechen

Ein Sektkorken wird mit den Schneidezähnen gehalten. Nun soll man damit sprechen. Nach einiger Zeit kann der Sektkorken entfernt werden. Deutlich hörbar ist eine verbesserte Aussprache. In dieser Sprechweise kann man einen Text laut vorlesen. Danach kann derselbe Text noch einmal ohne Korken gelesen werden.

Korkensprechen

c. Hund und Knochen

Ein Holzspatel wird zwischen die Backenzähne gelegt. Ein Partner versucht nun, diesen Spatel zwischen den Backenzähnen herauszuziehen. So wie ein Hund seinen Knochen verteidigt, wird ersterer versuchen, seinen Spatel zu halten. Dabei können ruhig aggressive Laute wie Fauchen oder Knurren entstehen.

d. Spatelsprache

Ein Holzspatel wird mit zusammengebissenen Zahnreihen gehalten. Nun soll man möglichst deutlich sprechen. Im Anschluß daran Lockerungsübungen für den Kiefer anbieten!

e. Kaugummikauen

Ein Kaugummi wird mit geschlossenem Mund kräftig gekaut. Die Bewegung des Kiefergelenks kann seitlich getastet werden, indem beide Handflächen der Therapeutin seitlich auf den Kiefergelenken ruhen.

3. Eine kleine Geschichte zum Kiefer

Es gab einmal einen Löwen. Er gähnte herzhaft und riß dabei sein Maul weit auf. Er gähnte sehr genüßlich und gab Geräusche von sich. Dabei spürte er, daß warme Luft sein Maul verließ. Schnell schloß er sein Maul wieder, denn es war ein kalter Morgen.

Er bewegte seinen Unterkiefer hin und her und spürte, daß er dabei sein Maul überhaupt nicht mehr zu öffnen brauchte. Ja, es machte ihm sogar richtigen Spaß und er bewegte seinen Unterkiefer so lange er nur konnte.

Vor sich bemerkte er Steppengras. Er hatte Lust, es zu kauen. Er riß ein Stück Steppengras mit seinen starken Zähnen ab und kaute darauf herum. Dabei bemerkte er, daß er seinen Unterkiefer vor- und wieder zurückschieben konnte. Das sah ganz gefährlich aus! Er wirkte richtig wütend, wenn er seinen Unterkiefer vorschob. Auch das machte ihm großen Spaß, denn er sah, daß die Ameisen um ihn herum panisch flüchteten. Da hatte er Lust, alle Bewegungen hintereinander zu machen: erst nach vorne, dann zur Seite, dann nach hinten und zur anderen Seite.

Alleine langweilte er sich und mußte schon wieder herzhaft gähnen. Dabei riß er sein Maul noch weiter auf als vorhin. Der Unterkiefer klappte einfach herunter, er brauchte überhaupt an gar nichts zu denken.

Danach wurde der Löwe erst so richtig wach. Er nahm seine beiden Tatzen und rieb sich seinen Kiefer kräftig ab. Es wurde ganz heiß, so kräftig rubbelte er.

Und wenn er inzwischen nicht gestorben ist, so kannst du ihn im Zoo beobachten, wenn er sein Maul ganz weit aufreißt und brüllt.

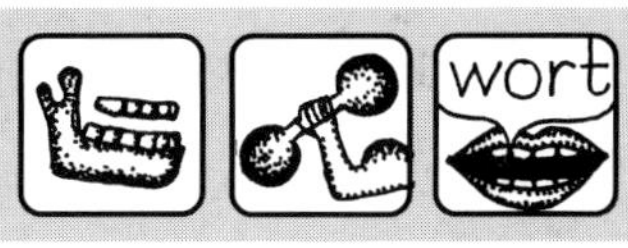

4. Rhythmischer Sprechvers für den Kiefer

Diesen rhythmischen Sprechvers können Sie mit übertriebener Kieferbewegung sprechen.

Einige Vokale regen besonders zu einer intensiven Kieferöffnung an. Wiederholungen sind nie langweilig, im Gegenteil, sie prägen sich sehr gut ein und sind wichtig, um ein Sprachempfinden zu entwickeln. (Rhythmus ist harmonisch gegliederte Zeit und darin gleichmäßig geordnete Bewegung!)

Oberkiefer, Unterkiefer - das sind Zwei

Oberkiefer, Unterkiefer - das sind Zwei
Öffnen sich und schließen sich, bewegen sich frei.
Oberkiefer, Unterkiefer - das sind Zwei
Kauen viel und sprechen laut, manches Allerlei.
Oberkiefer, Unterkiefer - das sind Zwei
Gähnen weit und dehnen stark, es ist Einerlei.
Oberkiefer, Unterkiefer - das sind Zwei.

IV. Gaumen

Der Gaumen bildet das Dach der Mundhöhle und dient der Zunge beim Kauvorgang als Widerpart.

Die vorderen drei Viertel des Gaumens sind knöchern und unbeweglich und werden als harter Gaumen (Palatum durum) bezeichnet. Das hintere Viertel, auch weicher Gaumen (Palatum molle) genannt, ist eine von Schleimhaut überzogene bewegliche Muskelplatte, die vom harten Gaumen segelförmig herabhängt und im frei beweglichen Zäpfchen (Uvula) endet. Seitlich steht das Gaumensegel über dem vorderen und hinteren Gaumenbogen mit der Zunge und der Rachenwand in Verbindung. Die Gaumensegelmuskulatur hebt und spannt den weichen Gaumen, sowohl beim Schlucken als auch bei der Bildung der Orallaute. Bei erschlafftem Gaumensegel hängt das Zäpfchen auf der Zungenwurzel.

Ein korrekter Schluckvorgang wird durch Heben des weichen Gaumens mit der Uvula und einem sich bildenden Wulst der hinteren Schlundwand (Passavant'scher Wulst) eingeleitet. Die Mundhöhle wird von der Nasenhöhle abgeschlossen (velopharyngealer Verschluß). Dadurch erfolgt ein regelmäßiger Druckausgleich in der Tuba auditiva (Eustachische Röhre).

Die Entwicklung des Gaumens wird unter anderem durch eine korrekte Zungenruhelage bestimmt. Ein enger, hoher Gaumen findet sich häufig bei Mundatmern.

A. Spiele und Übungen zur Sensibilisierung des Gaumensegels

1. Spiele und Übungen ohne Material

a. Kräftiges Gähnen

Bei weit geöffnetem Mund soll kräftig gegähnt werden.

b. Höflichkeitsgähnen

Es handelt sich bei dieser Weitungsübung um ein Gähnen bei geschlossenem Mund. Die Lippen liegen locker aufeinander, die Zahnreihen sind weit geöffnet. Durch die Nase atmend wird gegähnt. Die Lippen bleiben jedoch geschlossen.

c. Hauchen

Die Handinnenfläche wird in ca. 5 cm Abstand vor den weit geöffneten Mund gehalten. Die warme Luft strömt aus und reflektiert von der Handinnenfläche in den Mundraum. Zur Aktivierung des Gaumensegels kann ein Hauchgeräusch hinzugefügt werden.

d. Dicke Wangen

Beide Wangen werden möglichst dick aufgeblasen. Die Spannung sollte einen kurzen Moment gehalten werden, bevor sie langsam entweicht.

e. Luft in die Wangen pressen

Beide Wangen werden dick aufgeblasen. Die eingeatmete Luft sollte in beide Wangen gepresst werden, bevor sie aus beiden Nasenöffnungen „geschoben“ wird (erzeugt Geräusche - Vorstellung: schnaubender Drache!).

f. Wangenaufblasen

Beide Wangen werden aufgeblasen, die Zunge wird mittig durch die Lippenöffnung gesteckt. Die Spannung einen Moment halten, bevor die Luft aus dem Mundraum wieder entweicht.

g. Schnarchen

Mit weit geöffnetem Mund werden Schnarchgeräusche erzeugt. Es sollen möglichst unterschiedliche Schnarchgeräusche produziert werden. Wenn möglich in unterschiedlichen Lautstärken.

h. Schnarchen und Ausatmen

Mit weit geöffnetem Mund werden Schnarchgeräusche erzeugt. Die folgende Ausatmung wird hörbar (auf /pf/, /f/, /s/ oder /sch/) daran angeschlossen. Einige Atemzüge durchführen, bevor sich eine andere Übung daran anschließt.

i. /K/-Sprechen

Es werden möglichst viele /k/-Laute (ohne Verlängerungsvokal) aneinandergereiht. Der Zungenrücken soll sich fest an den Gaumen drücken. Es soll ein völliger Verschluß im hinteren Mundraum stattfinden.

j. Stimmlose Reibegeräusche

Es wird ein /ch²/ lautiert. Um ein langgezogenes /ch²/ zu bilden, kann es von Vorteil sein, einen Vokal vorweg zu sprechen, z. B. ein /a/ („ach“). Bei dieser Übung ist es wichtig, darauf zu achten, daß das /ch²/ möglichst lange andauert.

k. Fauchen

Die Spieler stellen sich vor, sie seien Katzen. Die Katzen schleichen nun im Vierfüßlergang fauchend durch den Raum. Dieses Spiel kann in unterschiedlichen Lautstärken gespielt werden. Es kann auch als Vorbereitung zur Anbahnung eines /k/-Lautes eingesetzt werden.

l. Räuspern

Es erfolgt ein langgezogenes Räuspern. Der Spieler soll die Bewegung des weichen Gaumens fühlen.

2. Spiele und Übungen mit Material

a. Gurgeln

Man braucht ein Glas Wasser. Ein kleiner Schluck Wasser wird in den Mund genommen. Bevor man ihn hinunterschluckt, gurgelt man damit (evtl. den Kopf ein wenig nach hinten legen).

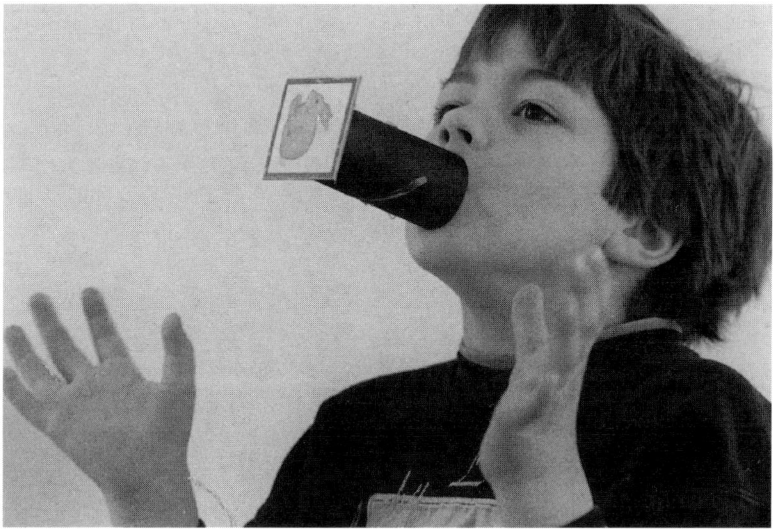

Saugspiele

b. Saugspiele

Mit Hilfe einer Toilettenpapierrolle werden diverse Materialien (Papier, Pappe, Folien etc.) angesaugt und wieder abgelegt. Mit diesem Medium können Saugspiele eingeführt werden, bevor andere Medien wie z. B. Ohrtrichter verwendet werden. Hier gilt: Je größer der Durchmesser des Saugmediums, desto leichter und einfacher kann der Spieler saugen.

B. Spiele und Übungen zur Kräftigung des Gaumensegels

1. Spiele und Übungen ohne Material

a. Ng-ng

Mit leicht geöffneten Lippen soll der Spieler ein /ng/ summen. Nach und nach wird der Kieferwinkel leicht vergrößert, der Spieler summt weiter. Bei der Aufforderung „Halt“ soll er aufhören. Der Mund wird wieder geschlossen, die restliche Luft entweicht durch die Nase.

b. Menschenfressersprache

Die Spieler unterhalten sich mit ung - a, ung - a. Dabei darauf achten, daß der Laut /ng/ einen Moment gehalten wird. Vorstellungshilfe: Die Spieler sind Menschenfresser, reißen ihren Mund auf und unterhalten sich in dieser Sprache.

c. Eingeborenensprache

Der Laut /ng/ wird einen Moment gehalten. Die Spannung wird mit einem „ga“ aufgelöst („ngngng-ga“!). Mehrmals hintereinander durchführen!

d. /A/-Flüstern

Mit weit geöffnetem Mund wird /a/ geflüstert. Hals- und Zungenmuskulatur müssen entspannt sein.

e. „Hä“-Flüstern

Die Spieler flüstern „hä“. Dabei ist der warme, austretende Luftstrom gut zu spüren.

Bei Erkältungskrankheiten kann diese Übung eine gute Hilfe sein, den Rachenraum mit warmer Luft und somit mehr Durchblutung zu versorgen. Das „Hä“ wird dann in die vor die Mundöffnung gehaltene Handinnenfläche geflüstert.

f. Kraftvolle Gaumengymnastik

Laut rufen unter Betonung der Explosivlaute! Die Mundöffnung bei dem Vokal /a/ sollte weit sein.

a - **pa**, a - **ta**, a - **ka**
i - **pa**, i - **ta**, i - **ka**
u - **pa**, u - **ta**, u - **ka**
eu - **pa**, eu - **ta**, eu - **ka**

e - **pa**, e - **ta**, e - **ka**
o - **pa**, o - **ta**, o - **ka**
au - **pa**, au - **ta**, au - **ka**
ei - **pa**, ei - **ta**, ei - **ka**

o - **po**, o - **to**, o - **ko** usf.

Diese lautmalerische Übung kann unterstützt werden, indem sich die Spieler gegenüber stehen und einen Ball zuprellen. Bei dem Aufprall des Balles wird der Explosivlaut gesprochen.

Variation: In die Hände klatschen (eigene Hände /a/, Hände des Partners „pa“)

g. Zäpfchen- oder Rachen-R

Das Zäpfchen- oder Rachen-R wird lang anhaltend lautiert. Unter Umständen ist es notwendig, dies mit dem Gurgeln einer Flüssigkeit anzubahnen.

h. Lachen mit ha-ha

Die Spieler lachen kurz und kräftig hintereinander. Die Vokale können beliebig ausgetauscht werden. Die letzte Silbe wird besonders betont:

ha - ha - **ha**
he - he - **he**
hu - hu - **hu**
ho - ho - **ho**
hä - hä - **hä**
hi - hi - **hi**

2. Spiele und Übungen mit Material

a. Ansaugen und Halten

In diesem Spiel braucht jeder Spieler einen Strohhalm mit einem großen Durchmesser, des weiteren ein Glas mit Wasser sowie ein leeres Glas. Das leere Glas steht in einiger Entfernung zu dem gefüllten Glas. Der Abstand kann je nach Können der Spieler variieren. Spielregel ist nun, den Inhalt des Wasserglases mit Hilfe des Strohhalms anzusaugen, zu halten und in das noch leere Glas zu befördern. Damit kann ein Wettspiel veranstaltet werden.

Hinweis: Im letzten Teil des Buches gibt es eine Spielsequenz „In der Gärtnerei: Die Pflanzen gießen", in der eine Möglichkeit aufgezeigt wird, das Spiel noch interessanter zu gestalten.

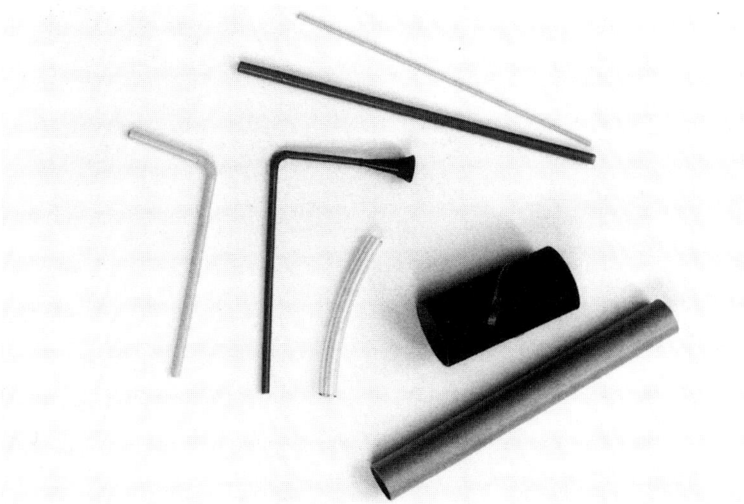

Spiele mit diversen Saugmaterialien

b. Spiele mit diversen Saugmaterialien

Diverse Saugmaterialien liegen auf dem Tisch (Karton, Papier, Blumenseidenpapier, Folie, Watte etc.). Ebenso unterschiedliche Ansaugmedien (Strohhalme in verschiedenen Durchmessern, Knickstrohhalme mit Ohrtrichtern, Gummischläuche, Pappröhren). Jeder Mitspieler sucht sich ein Ansaugmedium aus, saugt die auf dem Tisch liegenden Materialien an und befördert sie auf einen anderen Tisch.

Blasübungen

c. Blasübungen

Der Luftstrom wird dosiert und langsam aus der gerundeten Lippenöffnung oder aus dem Strohhalm hinausgeleitet.

- Wattebällchen, Papierschnitzel, Tischtennisbälle, Wattepads, Fäden können spielerisch über den Tisch geblasen werden.

- Seifenblasen produzieren.

- Mit dem Strohhalm in ein großes, halbgefülltes Glas Wasser blasen. Je mehr Blasen im Wasser sind, desto besser.

- Das Spiel mit einem sogenannten „Windrüssel" fördert ebenso die Aktivität des Gaumensegels. Besonders wenn es zur Aufgabe gemacht wird, den Windrüssel langsam einzurollen bzw. ihn lange ausgerollt zu lassen.

d. Luftballon aufblasen

Ein Luftballon wird mit einem Rückstoßventil (Festartikelbedarf) versehen. Das Ventil ist eine Erleichterung, da die eingepustete Luft nicht mehr aus dem Luftballon entweichen kann. Nach einiger Zeit des Übens kann auf dieses Ventil verzichtet werden.

e. Blasinstrumente

Es gibt verschiedene Blasinstrumente aus Kunststoff (Sirenen, Flöten, Tröten, Pfeifen, Harmonikas etc.). Sie können auch unterstützend bei der Kräftigung des Gaumensegels eingesetzt werden.

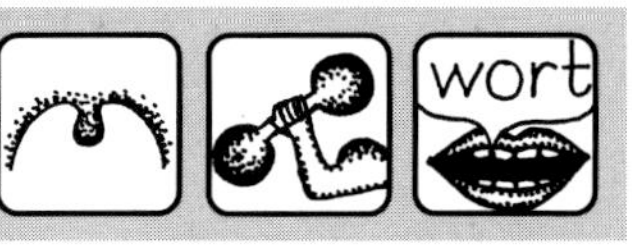

3. Artikulationsübungen

/ng/ langgedehnt hintereinander sprechen:

Ha**ng** - Ga**ng** - la**ng** - Gesa**ng** - ba**ng** - spra**ng** - entla**ng** - Anfa**ng** - sa**ng** - si**ng** - Di**ng** - Ri**ng** - Frühli**ng** - gi**ng** - spri**ng** - pe**ng** - e**ng** - stre**ng**

Spannu**ng** im Gaumensegel halten und beim folgenden Vokal lösen:

Schla**ng** - e   Sta**ng** - e   la**ng** - e   Ju**ng** - e   Lu**ng** - e
Fi**ng** - er   kli**ng** - en

/nk/ im Wort: Ebenso wie bei /ng/ die Spannung halten und bei dem nachfolgenden Vokal die Spannung im Gaumensegel auflösen:

sti**nk**en - tri**nk**en - hi**nk**en - du**nk**el - Gefu**nk**el - Gemu**nk**el

/ch$_2$/: Da**ch** - a**ch** - Fa**ch** - Kra**ch** - Ba**ch** - Lo**ch** - Bu**ch** - Ko**ch** - Tu**ch** - Spru**ch** - Geru**ch** - Flu**ch** - au**ch** - Bau**ch** - Rau**ch** - Strau**ch** - Hau**ch**

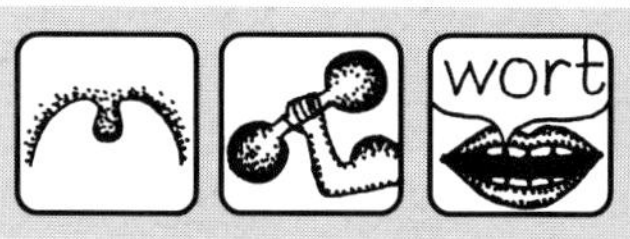

4. Rhythmische Sprechverse

Am Ha**ng** entla**ng** schwa**ng** sich ba**ng** ein Di**ng**.

Schmetterli**ng**
Schmetterli**ng**
er verfi**ng**
sich mittendrin!

An la**ng**en Sta**ng**en hä**ng**en Schla**ng**en!

U**nk**e, U**nk**e, komm geschwind,
komm herbei, du kleines Di**ng**. (aus: Grimms Märchen)

Ni**ng**, no**ng**, na**ng**
meine Zu**ng**e, die ist la**ng**.
(siehe S. 79)

V. Stundenbilder

A. Spielideen mit Rahmenthemen für Gruppen

Rahmengeschichten rund um mundmotorische Übungen können Kinder oftmals wesentlich mehr motivieren als Einzelsitzungen oder auch Gruppensitzungen, bei denen die Übungen allein nach fachlichen Zielen isoliert ausgesucht und ohne inhaltlichen Zusammenhang geordnet werden.

Wir haben deshalb eine Reihe von Rahmengeschichten für die Arbeit mit Gruppen zusammengestellt, die wir in der Praxis entwickelt und angewandt haben. Sie haben sich bewährt und den Kindern viel Spaß bereitet. Motivationsschwierigkeiten konnten dadurch stark verringert werden.

B. Rahmengeschichten

Welche Rahmenthemen?

Es sind alle Themen möglich, die Ihnen und den Kindern Spaß machen und Interesse wecken. Die Spielideen und Übungen müssen dabei logisch und sinngebend in die Rahmengeschichte eingebunden sein. Nach einigen Versuchen werden Sie feststellen, daß man auch aus sehr unterschiedlichen Übungen schnell eine Abenteuergeschichte entwickeln kann.

Wie kann der Aufbau einer Stunde aussehen?

Diese Frage muß individuell entschieden werden: Wollen Sie in das Rahmenthema Übungen einfügen, die beispielsweise aktuell für zwei Kinder notwendig sind und die dann auch die anderen in der Sitzung mitmachen? Oder haben Sie die Therapiepläne aller Kinder, die an der Gruppe teilnehmen, so aufeinander abgestimmt, daß das Gesamt an Übung für alle notwendig ist? Oder sind die jeweils einzelnen Übungen genau auf einzelne Kinder abgestimmt (für jeden etwas)? Bei dieser Methode müssen Sie sich allerdings fragen, wie Sie alle Übungen kontrollieren wollen!

Beziehen Sie in Ihre Überlegungen zum Aufbau der Sitzung und der Methode die jeweilige Gruppenkonstellation, Gruppengröße und das Lernniveau der einzelnen Kinder mit ein. Denken Sie daran, daß Sie auch die vorgegebenen Spielthemen entsprechend Ihrer therapeutischen Ziele umbauen müssen.

Bei den meisten Sitzungen empfiehlt es sich, am Ende noch 5 Minuten für das Zähneputzen einzuplanen!

Mit wieviel Kindern?

Gruppen von vier bis maximal sechs Kindern.

Welches Alter?

Die Spiele sind in den meisten Fällen für 6- bis 10jährige geeignet.

Wo?

Sprachtherapeutische/logopädische Praxis oder Schule. Die Spiele sind in Therapie- oder Klassenräumen durchführbar. Ideal für einige stark bewegungsorientierte Spiele sind natürlich Gymnastikräume.

Wie lange?

Eine Sitzung mit Gruppen sollte maximal eine Stunde dauern.

Vorbereitung: 30 Minuten Planung, 10 Minuten Aufbau.

Wie oft?

Die Gruppenstunden erfolgen im Wechsel mit der Einzeltherapie. In der Einzeltherapie können Therapieziele individuell geübt und sehr exakt kontrolliert werden. Wie oft Gruppensitzungen abgehalten werden, hängt von der Gruppengröße, der Gruppenzusammensetzung und den äußeren Umständen ab. Ausprobieren!

Bei den Gruppensitzungen muß man davon ausgehen, daß stärkere Differenzierungen aufwendigere Vorbereitungen erfordern. Natürlich kann dadurch die Therapie auch effizienter gestaltet werden.

Wie werden Ziele kontrolliert?

Die Kontrollmöglichkeiten sind bei der Gruppenarbeit mit Rahmengeschichten stärker eingeschränkt als in einer Einzeltherapie.

Jedes Eingreifen ins Spiel kann den Spielrahmen durchbrechen und dem Spiel Wirkung nehmen. Man muß von Fall zu Fall entscheiden, ob man ein bis zwei wichtige Übungen bei jedem Kind kontrolliert oder schwerpunktmäßig auf ein bis zwei Kinder achten will. Die Spielleiterin hat bei Rahmengeschichten, in denen sie eine leitende Funktion übernehmen muß, während des Spiels weniger Zeit zur Kontrolle.

Wenn man vorher mit den Kindern klar durchspricht, wann und wie man sie korrigiert, wird dies von ihnen akzeptiert. Man sollte natürlich nicht in den spannendsten Momenten korrektiv eingreifen. Das sollte eindeutig vorher oder nachher geschehen.

Welche methodischen Überlegungen zu den Erzählungen gibt es?

In den folgenden Beispielgeschichten werden Sie zwei verschiedene Typen von Rahmenthemen entdecken. Die einen beinhalten eine fortlaufende Geschichte, in der Sie als Spielleiterin stark lenken. Die anderen sind stationsorientiert angelegt, d.h. die Reihenfolge der einzelnen Übungen kann von den Kindern oder jeweiligen Partnern selbst bestimmt werden.

Dies ist jeweils in den Handlungsskizzen unter der Rubrik „Therapeutische Bedingungen“ als *stationsorientiertes Verfahren* oder *fortlaufende Spielhandlung* ausgewiesen.

Kinder lassen sich von einer geschlossenen Erzählweise überzeugen. Das bedeutet zum einen, daß die Geschichte eine innere Logik haben muß, daß sie spannend sein sollte (mit phantastischen Anteilen braucht nicht gespart zu werden, Pointen kommen auch immer gut an). Es bedeutet aber auch, daß der Erzähler sich ebenfalls in seine Geschichte „einleben“ kann.

Sie werden z.B. immer wieder Wortspiele entdecken, die Ihnen (hoffentlich) gefallen, die Sie aber auf den zweiten Blick wahrscheinlich hinterfragen werden, da sie dem Sprachniveau der Kinder nicht entsprechen. Das sollen sie jedoch auch gar nicht, sie sollen vielmehr Ihren Spaß an der Geschichte unterstützen. Die Kinder akzeptieren das in der Regel oder fragen nach.

Vielleicht haben Sie auch eine andere Art der Erzählweise, die Sie bevorzugen. Bauen Sie unbedingt nach den ersten Versuchen die Geschichten nach Ihrer Erzählweise um. Die Kinder werden schnell merken, daß das authentischer wirkt.

Zur Handhabung der Stundenbilder

Viele Übungen, die in die Geschichten eingebettet sind, werden im vorderen Teil unseres Buches bzw. im nachfolgenden Glossar ausführlich beschrieben. So sollten Sie sich entsprechend der Verweise im vorderen Teil genau informieren. Genauso können Sie sich auch in den ersten beiden Teilen des Buches orientieren, wenn Sie passend zu Ihren Therapiezielen Übungen für Ihre Therapiekinder suchen. Die Übungen können dann in sinnvollem Rahmen in eine neue Geschichte eingepaßt werden. Die einzelnen Stundenbilder bestehen aus drei Teilen:

- Die eigentliche Geschichte oder Spielbeschreibung: Zu den fortlaufenden Geschichten gibt es zuerst die Texte, wie sie den Kindern erzählt werden können. Zu den stationsorientierten Spielen werden einige strukturierende Erläuterungen gegeben.

- *Spielillustrationen:* Hier erkennen Sie sozusagen auf einen Blick den gesamten Ablauf der Geschichten. Anhand der Illustrationen kann man auch mit den Kindern einen informellen Einstieg zu den Geschichten wählen oder in der folgenden Stunde darauf noch einmal Bezug nehmen.

- *Handlungsskizzen:* In Tabellenform folgen die Handlungsskizzen. In der ersten Spalte wird noch einmal kurz die Spielhandlung dargestellt. In der nebenstehenden mittleren Spalte erfolgen die therapeutischen Bedingungen, in denen jeweils wichtige therapeutische und inhaltliche Kommentare zu den Spielen geliefert werden. In der letzten Spalte *Medien* erfahren Sie, welche Medien zum jeweiligen Spiel eingesetzt werden.

Diese Skizzen sollen die notwendigen Grundlagen für die Planung liefern und können auch während der Therapie für die Spielleiterin eine Hilfe sein.

Der Indianerstamm „Geschlossene Lippe“ mit seinem Stammeszeichen

Indianerstamm „Geschlossene Lippe“

Weit, weit weg von hier lebte in Amerika der Indianerstamm „Geschlossene Lippe“. Er war unter den anderen Stämmen berühmt für seine Friedfertigkeit. Aber wenn dieser Stamm in Gefahr kam, zeigten alle seine Indianer großen Mut und Stolz.

Jeder Indianer in Amerika erkannte Mitglieder des Stammes an ihren Stammeszeichen. Es waren ein Federstab zwischen den Lippen und ihre Schweigsamkeit. Die Indianer schützten sich stets mit einer guten Ausrüstung: Mundpfeile halfen ihnen bei ihrer Jagd. Mundrohre und Mundangeln halfen ihnen bei ihrer schweren Feldarbeit.

Eines Tages machten sich die Stammesmitglieder wieder einmal auf, wie an jedem dritten Montag im Monat, um ihre Essensvorräte aufzufüllen. Nach einem kurzen Marsch von drei Stunden stießen sie tatsächlich auf ein riesiges unberührtes Bohnenfeld. Sie sahen sich um, ob keine Gefahr drohte und gingen an die Arbeit. Mit kleinen Mundrohren saugten sie geschickt die Bohnen auf und legten sie vorsichtig in ihre Bastkörbchen. Nach einer Weile zogen sie weiter, langsamer, denn die Körbe waren schwerer geworden.

Leicht verschwitzt erreichten sie nach fünf Stunden einen einsamen großen Teich. Die Seeungeheuer, die dort lebten, waren zu dem Zeitpunkt in Urlaub ins Meer geschwommen. Trotzdem war Vorsicht geboten.

Sie hielten ihre Mundangeln ins Wasser, sehr aufmerksam, in aufrechter, stolzer Haltung, um jede Gefahr frühzeitig zu erkennen. Sie fingen einige Fische und es blieb tatsächlich alles ruhig.

Sie mußten nun zurück zu ihren Wigwams, denn die Dämmerung würde bald einbrechen. Doch da, keine zehn Schritte weiter, bewegte sich etwas Dunkles, Schreckliches vor ihren Füßen: die todbringenden, giftigen Rotschlangen. Sie wetzten ihre Giftzähne und schnappten nach den Indianern.

Aber unsere Indianer hatten schon ihre Mundpfeile in der Hand und ihre Mundrohre im Mund. In Sekundenschnelle zielten sie in stolzer Haltung die Pfeile auf die Schlangen und erlegten eine nach der anderen. So konnten sie einen zusätzlichen Leckerbissen mit nach Hause führen.

Sie zogen zu ihren Wigwams und verspeisten dort gemeinsam die Schlangen als Zeichen ihrer Unverwundbarkeit. Die Fische ließen sie sich anschließend am Gaumen zergehen. Als die Nacht bereits eingebrochen war, rauchten sie zum Abschluß des Tages gemeinsam die Friedenspfeife, und die Kojoten heulten.

Indianerstamm - "Geschlossene Lippe"

SPIELHANDLUNG	THERAPEUTISCHE BEDINGUNGEN	MEDIEN
<u>Thema: Indianerstamm „Geschlossene Lippe"</u> Der Indianerstamm „Geschlossene Lippe" sitzt im Kreis vor seinen Wigwams. Alle Kinder erhalten einen Namen. Als Stammesmitglieder halten sie als gemeinsames Zeichen einen „Stock mit Feder" zwischen den Lippen.	<u>fortlaufende Spielhandlung</u> - Kreisrunde: Thema und Spielregeln klären Die Spielleiterin schlägt Namen vor, jeder darf sich einen Namen aussuchen. - Mundschlußübung, Spatel wird seitlich locker zwischen Lippen gehalten (vgl. Seite 50)	- Schnelle Adlerzunge, Dicke Büffellippe, Stille Feder, Großer Löwenzahn, Stolze Tanne, Starke Fuchsnase ... - Spatel, an dem an einem Ende eine Feder mit Klebefilm befestigt ist (für jedes Kind eine andere Farbe)
Der Stamm braucht neue Essensvorräte und alle ziehen los. Sie tragen mit ihrem Stock kleine Bastkörbchen, in denen sie Früchte sammeln können. Zuerst sammeln sie Bohnen. Sie stellen ihre Körbchen auf den Boden und saugen mit Strohhalmen Bohnen an. (Die Lippenmuskeln der Indianer sind noch stärker als ihre Armmuskeln.) Dann nehmen alle mit dem Stock ihre vollen Körbchen wieder auf und ziehen weiter.	- Alle Übungen werden gemeinsam durchgeführt. - Training des Lippenringmuskels, Übung zur Aktivierung der Mundbodenmuskulatur - Ansaugübung: mit einem Strohhalm werden die Bohnen angesaugt und dann in das daneben stehende Körbchen gelegt (vgl. Seite 44) - Gehen Sie bei der Füllmenge vom individuellen Belastungsvermögen der jeweiligen Kinder aus!	- Ausrüstung jedes Kindes: Federspatel, kleines! Bastkörbchen, das man an den Spatel hängen kann, Strohhalm und Palmspießchen - Bohnen: Es dürfen auch echte Bohnen sein, ebenso können auch Watteбällchen o.a. eingesetzt werden. Richten Sie sich nach den Fähigkeiten der Kinder.
Sie kommen an einem Teich vorbei und angeln dort nach Fischen. Die Angelschnur hängen sie an ihren Stammesstock. Die Indianer benutzen einen bestimmten Lockruf beim Angeln (10 x Schnalzen vor jedem Angelversuch.).	- Ansaugübung: Mit dem Strohhalm werden Fische (aus Eßpapier ausgeschnitten) angesaugt. Auf Körperhaltung achten! - Dehnung des Zungenbändchen, Zunge an den „Punkt" bei jedem Schnalzen (siehe Seite 138f. u. Seite 70)	- Teich: blaues Tonpapier, - Fische: aus Eßpapier schneiden, Büroklammer daran montieren (siehe S. 42)
Auf dem Rückweg begegnen sie giftigen Schlangen. Stolz und unerschrocken richten sie ihre Pfeile auf die Schlangen.	- Pusteübung: mit dem Strohhalm werden Palmspieße weggepustet (siehe Seite 46), Spielleiterin kann die Übung beispielhaft vorführen zur Erinnnerung an die gerade Körperhaltung	- Schlangen: rote Weingummischnüre - Pustegeschoß: Strohhalm und Palmspießchen (bleiben gut im Teppichboden stecken)
Bei den Wigwams wieder heil angekommen, setzen sich alle im Kreis zusammen und verspeisen erste Teile der Beute (Schlangen und Fische). Zum Schluß rauchen sie nacheinander die Friedenspfeife.	- zuerst die Schlangen: sie werden mit dem vorderen Teil der Zunge ohne Hilfen der Hände mit den Lippen eingezogen (vgl. Seite 52) - Fische werden auf den vorderen Teil der Zunge gelegt und dann gegen den Gaumen geschnalzt, erst dann mit der Zungenspitze vom Gaumen reiben und hinunterschlucken (vgl. Seite 72) - Blasübung: Anblasen des Balles	- Friedenspfeife (siehe Seite 48) - evtl. mit Süßholzwurzel Zähne putzen
	mögliche Hausaufgabe: Übungen mit dem federgeschmückten Spatel	

Im Schönheitsstudio

In dieser Spieleinheit geht es um Sensibilisierung im orofazialen Bereich. Das Thema bietet sich an, um verschiedene Massage- und Sensibilisierungsübungen anzuwenden.

In dem vorbereitenden Kreisgespräch sollte zu den Übungen, die als Partnerübungen ausgewiesen sind, noch einmal besonders auf die Freiwilligkeit der Teilnahme hingewiesen werden. Ebenso wichtig ist es, daß einer der Partner jederzeit seine Wünsche äußern darf, während der andere diese berücksichtigen sollte. Auch die Partnerwahl muß frei sein.

Bei diesen Übungen kommt es zu intensiven Körperkontakten. Der einzelne sollte daher immer bestimmen können, wieviel Nähe zuzulassen er bereit ist oder wieviel Distanz er wünscht.

Auch motorisch unruhige Kinder, die erst abwehrend gegenüber dieser Form der Übungen sind, lassen sich schließlich sehr gern auf diese intensiven, körpernahen Erfahrungen ein.

Leichte Tanzmusik (instrumental), die leise über einen Cassettenrecorder eingespielt wird, macht die Atmosphäre eines Schönheitsstudios perfekt. Bei Partnerübungen können die Masseure auch weiße Schürzen oder Hemden anlegen, die von zu Hause mitgebracht wurden.

Der Biokuchen kommt in den Backofen bis er heiß und gar ist.

Die Gurkenmaske erfrischt die Haut und die Creme macht sie samtweich.

Im Schönheitsstudio

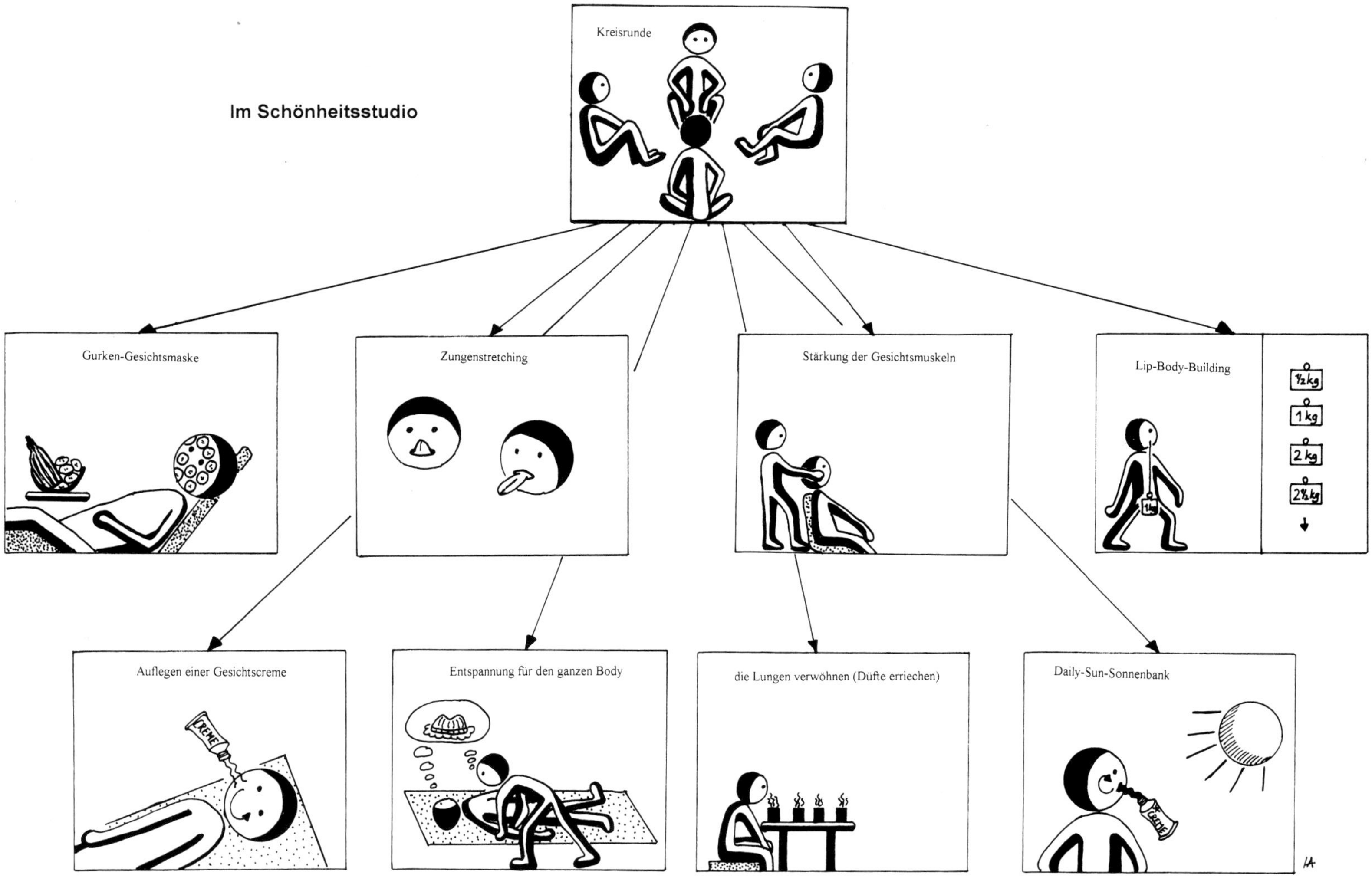

SPIELHANDLUNG	THERAPEUTISCHE BEDINGUNGEN	MEDIEN
Thema: Im Schönheitsstudio Die Studioleitung informiert in kleinem Kreis: Wir lassen uns verwöhnen und verwöhnen die anderen - rund um unsere Schönheit.	stationsorientierte Spielhandlung oder gemeinsames Vorgehen - Kreisrunde: Thema und Spielregeln klären - Spiele und Übungen zur Sensibilisierung des Gesichtsbereichs - Partnerübungen, die Teilnahme bei einzelnen Übungen darf verweigert werden! - evtl. die Kinder vorher nach Hautunverträglichkeiten befragen - die einzelnen Übungen sollten beispielhaft vorgemacht werden	
Lip-Body-Building	- Knopfspiel mit verschiedenen Gewichten orientiert an individueller Leistung. (siehe Seite 37f.)	- Knopf usw., siehe Seite 30 - kl. Pappschachteln mit Steinen oder Eisenstücken gefüllt
Gurken-Gesichtsmaske	- Sensibilisierung durch (fremde) Reize	- eine in dünne Scheiben zerschnittene Salatgurke in Plastikdose mitbringen
Gesichtsmassage	- Von der Gesichtsmitte jeweils symmetrisch nach außen kreisend massieren. Der zu Masssierende darf Wünsche äußern. Es sollen verschiedene Bürsten ausprobiert werden. Es soll nie unangenehm werden. Hinweis an Kinder: Der Massierte soll sein Befinden äußern und der Masseur soll darauf eingehen!	- mit verschiedenen weichen Bürsten, Pinseln etc. - Bürsten können auch mit weichem Stoff überzogen werden
Die Lungen verwöhnen: Düfte erriechen	- Nasenatmung: bekannte ätherische Öle erriechen (z. B. Zitronen-, Orangen-, Latschenkieferöl usw.)	- in Filmdose 3 Tropfen ätherisches Öl auf einen Wattebausch geben
Auflegen einer Gesichtscreme	- Gesichtsmassage: sanft und vorsichtig unter Anleitung! - die Creme kreisend einmassieren	- gut verträgliche Hautcreme
Innere Schönheit : Zungenstretching	- Auswahl aus Zungengymnastik I bis III (siehe Seite 67ff.)	
Schönsein durch gesundes Essen: Wir backen einen Biokuchen	- aktive Entspannung - Partnerrückenmassage(vgl. Lutz Pirnay!) Ein Kind ist der „Bäcker", der auf dem „Backblech"(Rücken des anderen) backt. Der Bäcker bringt mit seinen Händen die Zutaten aufs Blech, knetet und formt sie. Dann legt er sich auf das Blech und beide werden zum „Backofen" bis es „heiß" wird.	- evtl. kl. Baumwollteppiche oder Isomatten als Unterlage - Medien sind die Hände des „Bäckers" und der Rücken des Massierten, das „Backblech"
Stärkung unserer Gesichtsmuskeln -Besondere Problemzonen - Die Wangen	- entspannt sitzen, der Masseur steht direkt hinter seinem Partner, er lehnt dessen Kopf leicht gegen seinen Bauch und nimmt das Gesicht zwischen seine Hände - mit dem Zeigefinger und Daumen in die Wangen kneifen und diese durchkneten und lockern - anschließend von der Gesichtsmitte (Nase) seitlich ausstreichen	
Daily-Sun-Sonnenbank	- Handflächen schnell und fest gegeneinander reiben, so daß die Handteller sehr warm werden, diese dann symmetrisch auf das Gesicht des Partners legen ("die Sonne wärmt") - Eincremen mit brauner Schminke, auf besondere Vorsicht bei den Augenpartien hinweisen	- braune Wasserschminke, mit Wasser und Seife oder/ und Hautcreme entfernen
	mögliche Hausaufgabe: die Eltern einmal direkt miteinbeziehen, sie dürfen ihre Kinder mit gewünschten Übungen verwöhnen (und selbst verwöhnt werden!)	

Dem Yeti auf der Spur

Der Yeti lebt im Himalaya. Keiner hat ihn je gesehen. Manche sagen, es gäbe ihn nicht. Andere behaupten, seine geheimnisvollen Spuren gesehen zu haben. Aber was nutzt das ganze Erzählen anderer ... Es ist besser, man überzeugt sich selbst von der Sache! Natürlich könnte das für uns ein gefährliches Unternehmen werden. Der Himalaya ist das höchste Gebirge der Erde, noch höher als das Siebengebirge oder das Riesengebirge. Viele sind dort abgestürzt oder auf ewig verschollen.

Wir müssen immer auf Nummer Sicher gehen! Nur ein Sicherungsseil und ein Rucksack mit lebensnotwendigen Sachen wird zu unserer Ausrüstung gehören. Schon nach zehn Stunden geraten wir auf das erste Schneefeld eines Gletschers.

Zwar außer Atem, aber doch noch genügend Kräfte in Reserve, beginnen wir, nach Spuren zu suchen. Wir haben Glück - nach einigen Versuchen stoßen wir unter dem Schnee auf ungeheuerliche Spuren. Tja, wessen Spuren sind es? Wir wissen es nicht und die Ungewißheit treibt uns weiter.

Es wird so steil, daß wir uns gegenseitig mit unseren Seilen (mit Hilfe unserer Lippen) sichern, denn mit den Händen krallen wir uns ängstlich in die Felsen. Der Wind fegt uns eiskalt durchs Gesicht. Um uns vor Erfrierungen zu schützen, legen wir uns eine Weile flach in eine Felspalte und ruhen uns aus.

Die ersten von uns leiden unter Sauerstoffmangel. Wir befinden uns inzwischen auf einer Höhe von 11.111 Metern ü.d.M. Wir nehmen Sauerstoffkapseln ein, das hilft ein wenig. Mit letzten Kräften geht es weiter.

Da! Arbeitet unser Hirn nicht mehr richtig? Sehen wir tatsächlich Teile eines Lebewesens - direkt vor uns auf dem Weg? Sollte es der Yeti sein, kann er sich in Teile auflösen, kann uns etwas passieren, wenn wir ihn anfassen? Auf jeden Fall ist höchste Vorsicht geboten.

Wir nehmen unser sicheres Mundwerkzeug und unseren ganzen Mut zusammen und nehmen die Teile vorsichtig auf und setzen sie zusammen. Wir müssen unbedingt herausfinden, ob das der Yeti ist. Ja, je mehr Teile wir zusammensetzen, desto mehr erkennen wir, daß es kein normales Tier sein kann.

Es ist der Yeti! Wir sind stolz auf unsere Entdeckung und völlig erschöpft. Doch wir wollen vor Einbruch der Dämmerung zurückkehren. Wir stoßen mit ein paar Schluck Wasser auf die Beute an und begeben uns sofort auf den Rückweg. Bergab schmettern wir glücklich und zufrieden das Lied von unserer Suche nach dem Yeti.

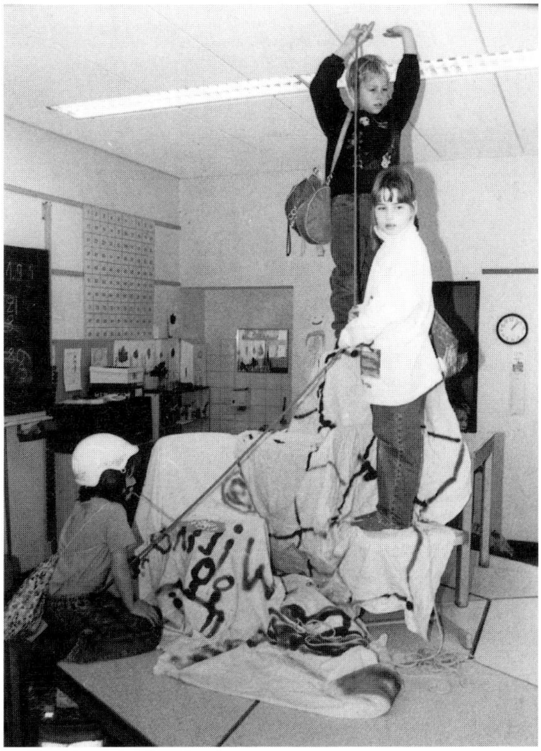

Auf dem Himalaya werden erste Yeti-Spuren freigelegt.
(unten links mit Strohhalm)

Dem Yeti auf der Spur

SPIELHANDLUNG	THERAPEUTISCHE BEDINGUNGEN	MEDIEN
<u>Thema: Dem Yeti auf der Spur</u> Wir besteigen einen Gletscher, um den Yeti zu suchen. Beim Erzählen Spannung erzeugen! Jedes Kind erhält ein Sicherungsseil, einen kleinen Rucksack mit ... (siehe Medien!).	<u>fortlaufende Spielhandlung</u> - Beginn mit einer Kreisrunde, in der das Thema und wichtige Spielregeln geklärt werden - Die Utensilien sind z.T. für die Spielatmosphäre, z.T. für die mundmotorischen Übungen notwendig.	- Gletscher: Tische und Stühle, evtl. Tuch darüber (dringend auf Sicherheit achten!) - Turnseile, Rucksäcke oder Stofftaschen mit: - Knopfangel (siehe Seite 30), Strohhalm, kl. Bastkorb mit 2 Gummis (Sauerstoffkapseln), Eßpapier, 1 kl. Glas
Plötzlich geraten wir auf ein erstes Schneefeld. Wir suchen nach Yeti-Spuren und finden tatsächlich Abdrücke, nachdem wir den Schnee weggepustet haben.	- Pusteübung: Konfetti mit Strohhalm wegpusten, so daß nur die als Yeti-Spur aufgeklebten liegenbleiben.(Hyperventilation: siehe Seite 138) - Auf richtige Position des Strohhalms achten.	- Strohhalme, ein Stück Packpapier, darauf mit flüssigem Kleber Yeti-Fußabdrücke zeichnen und darüber Locherkonfetti streuen
Wir müssen den Berg weiter hochsteigen. Es wird gefährlich steil, gegenseitiges Absichern durch Mundseile ist angesagt! (Mit den Händen müßen wir uns ja schließlich im Fels festhalten.)	- Übung zum Lippenringmuskel (vgl. Seite 35) - Knopfangeln: Spannung halten!	- Material wie beim „Tauziehen", Knopf und Faden werden jeweils mit einer Büroklammer an den Schnüren untereinander verbunden
Ein eisiger Wind fegt über den Gletscher und streicht über die Gesichter. Wir müssen uns hinlegen und den Wind abwarten. „Sauerstoffkapseln" (Gummis) versorgen uns mit Sauerstoff in den riesigen Höhen. Windmusik.	- Sensibilisierung des Kieferbereichs (siehe Seite 82) - Übung mit Gummiring (siehe Seite 139) - Auf entspannte Körperhaltung achten!	- „Eis-am-Stiel-Plastikbehälter" mit Eis gefüllt - günstig: kl. Teppiche - Sauerstoffkapsel: Gummiring - Musik: z. B. Pink Floyd „One of these Days, Meddle",'71
Wir finden einzelne Teile von einem Lebewesen. (Saugpuzzle)	- Ansaugübung mit Strohhalm (vgl. Seite 44) - nur durch die Gruppe zu lösen, evtl. Konkurrenz: Einer versucht, mehr Teile zu finden als die anderen.	- Saugpuzzle, Strohhalme
Wir trinken ein paar Schluck auf die gemeinsame Entdeckung des Yeti und kehren dann mit einem Lied auf den Zungen zurück.	- Mit einem Gummi Wasser schlucken (siehe Seite 139) - Alveolarlaute mit korrekter Zungenruhelage trainieren - Das Lied am besten „schmettern" und vorher eindeutig auf die Stellen hinweisen, bei denen auf den Zungenruhepunkt zu achten ist!	- Gummiring, Glas mit Wasser - Liedtext: „Wir waren auf einem Gletscher und hatten den Yeti entdeckt , wir sahen im Schnee die Spuren und bekamen 'nen riesigen Schreck, ole, ole, oleehe, ole ole ..." (Melodie: „Wir lagen vor Madagaskar")
	mögliche Hausaufgabe: Training des Zungenruhepunktes mit Gummiring, Lied mit Alveolarlauten üben	

In der Gärtnerei

Bei diesem Rahmenthema können die Kinder die Reihenfolge der Spielstationen selbst bestimmen. Sie spielen allein oder mit einem Partner. Im Gesprächskreis werden die Spielidee und die Stationen vorher eingehend anhand von Beispielen erläutert.

Die Kinder säen Saatkörner, düngen, gießen, bestimmen Pflanzen nach ihrem Duft, und erstellen eine Inventarliste. Eine weitere Übung wäre der Verkauf der Pflanzen.

Die Station „Pflanzen gießen" bedarf einer aufwendigen Vorbereitung. Auch hier gilt wieder: Stationen, die im Buch beispielhaft aufgeführt sind, können nicht genauso umgesetzt werden. Sie müssen der jeweiligen Gruppe und den eigenen Zielen angepaßt werden.

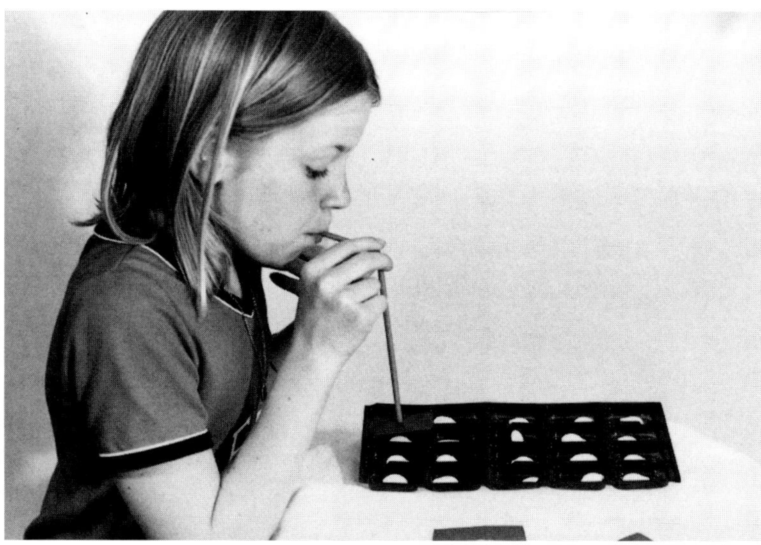

Die Samenkörner werden einzeln mit Erde bedeckt (Ansaugübung).

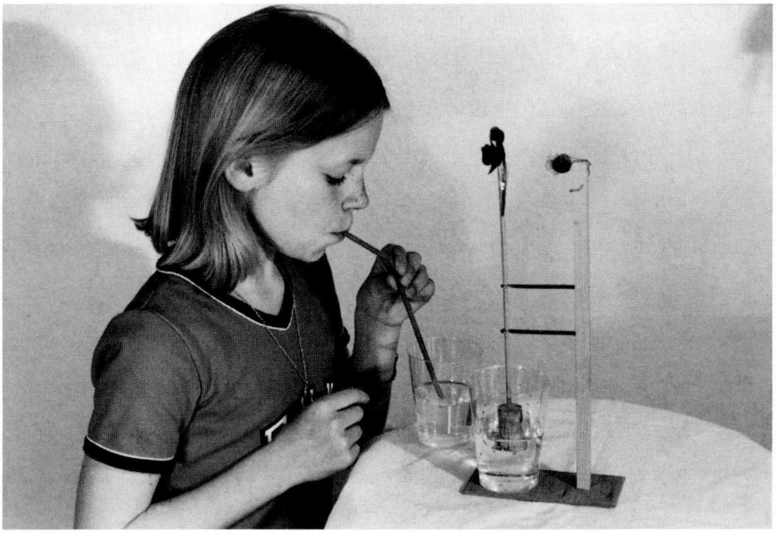

Das Gießwasser wird hier angesaugt.

In der Gärtnerei

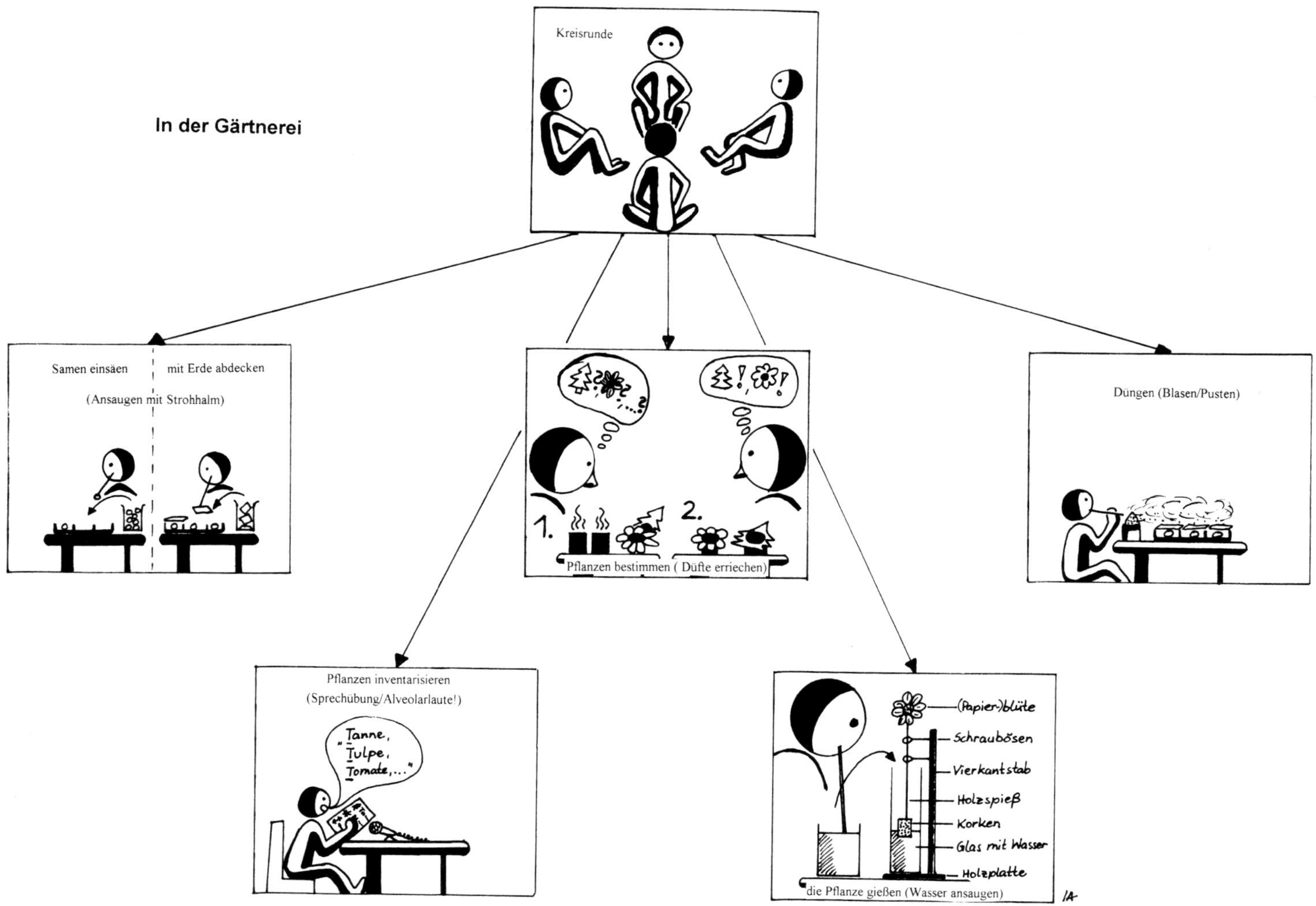

SPIELHANDLUNG	THERAPEUTISCHE BEDINGUNGEN	MEDIEN
Thema : In der Gärtnerei Die Kinder werden zuerst in ihre Arbeit in der Gärtnerei eingeführt. **Saatkörner säen:** Zuerst säen die Kinder Saatkörner. Mit einer Pflanzhilfe säen sie die Körner einzeln ein. Danach streuen sie Erde über das Erdloch.	stationsorientierte Spielhandlung - Beginn mit einer Kreisrunde: Thema und Spielregeln klären - Ansaugübungen (Auf richtige Position des Strohhalms, und auf Körperhaltung achten!)	- Saatkörner: Bohnen - Pflanzhilfe: Strohhalm - Erdlöcher: braune Plastik-Innenpackung einer Pralinenschachtel - Erde zum Bedecken: auf Kästchen in Pralinenschachtel passende braune Tonpapierplättchen
Pflanzen gießen: Die Pflanzen werden mit Wasser gegossen und wachsen dabei.	- Ansaugübung	- siehe Skizze! - pro Gießanlage: 1 Holzspieß, 2 Schraubösen, 1 Vierkantstab, 1 kl. Holzbrett,2 Gläser, 1 Korken, eine Blüte
Pflanzen düngen: Der Dünger wird über die Erde verteilt.	- Blasübung (vgl. Seite 99)	- Dünger: Mehl oder Zucker (Bio-Dünger: Sand) - Schutzvorrichtung aus Pappe, damit der Dünger nicht überall hinfliegt
Überprüfen des Pflanzeninventars: Anhand einer Liste überprüfen die Kinder zu zweit, ob alle Pflanzen vorhanden sind.	- Partnerübung - Lesefähigkeit vorausgesetzt - Training der korrekten Zungenruhelage bei Alveolarlaute - je nach Ziel auf An-, In- oder Auslaut konzentrieren, Laute für Kinder auf Liste besonders markieren	- Wörterliste mit Pflanzennamen, hier Alveolarlaute vor allem im Anlaut: **T**ulpe, **T**omate, **T**anne, **T**rauben, **N**elken, **S**alat, **S**onnenblumen, **L**auch, **L**avendel, **L**orbeer,**L**ärche ...
Pflanzenbestimmung: Anhand des Duftes werden einige Pflanzen bestimmt. Man riecht an den Pflanzen,die in den Dosen „versteckt" sind und ordnet sie den Pflanzen zu.	- Übung zur Nasenatmung und olfaktorischen Sensibilisierung	- kl. Filmdosen mit einem Wattebausch gefüllt, auf den jeweils 2-3 Tropfen ätherisches Öl geträufelt wurde, beispielsweise Zitronen-, Pfefferminz-, Latschenkiefer-, Rosenöl usw. - aus Tonpapier gebastelte Blüten, Blätter oder Früchte, die die Pflanze darstellen, in der Mitte des Papiers ist ein Loch eingeschnitten, in das später die entsprechend duftende Filmdose gesteckt wird
	mögliche Hausaufgabe: Wörterliste mit Alveolarlauten üben	

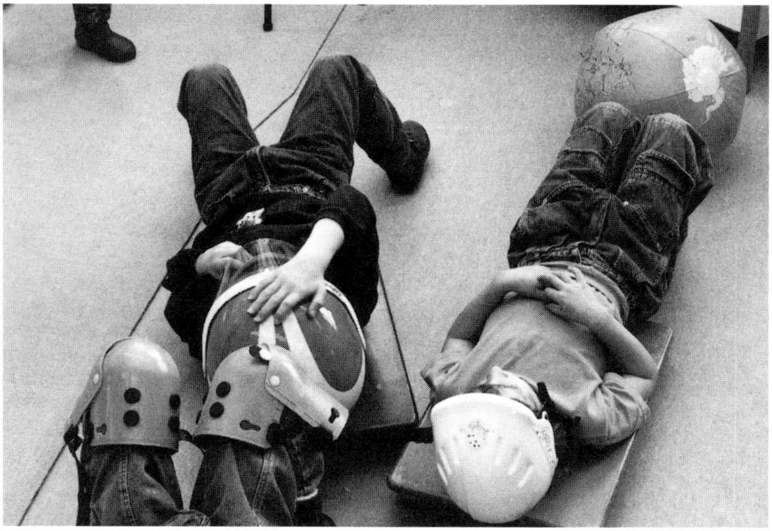

Die Astronauten schweben mit Schutzkleidung durch das Weltall.

Im Weltall

1. Variante für den Beginn der Geschichte

Das langersehnte Wochenende ist endlich da, wir sitzen in dem Flugzeug, das uns für 3 Tage nach Mallorca bringen soll.

Plötzlich, es ist kurz nach dem Start, werden die Motoren unheimlich laut und die Maschine dreht zweimal links, einmal rechts und dann Richtung Mond ab. Der Käpt'n der Rakete heißt uns herzlich willkommen an Bord und erklärt uns unsere Flugroute Richtung Milchstraße zu einem noch unbekannten, bewohnten Stern.

Einige sinken erschöpft in den Sessel und sagen nur: „Hauptsache, es wird erholsam", andere freuen sich und sind ganz aufgeregt wegen der viel spannenderen Weltraumfahrt.

2. Variante für den Beginn

„Tja, Ihr werdet es nicht glauben, aber ich habe hier einige Flugtickets. Ihr dürft mal raten, wohin der Flug gehen soll! ... Ins Weltall zu einem noch unbekannten Stern. Das hättet ihr nicht gedacht, was? Ich habe die Tickets bei einer Lotterie gewonnen. Es können X Leute mitfahren. Wer hat denn Lust? ... Bitte nehmt Platz in der Rakete und legt eure Raumanzüge an. Gleich wird der Käpt'n der Rakete von der Startrampe mit unserer Hilfe starten." Und die Rakete startet ...

Fortsetzung der Geschichte:

Da der Druck in der Rakete immer höher wird, ordnet der Käpt'n die Einnahme von „Druckringkapseln" an. Kurze Zeit später wird das erste Triebwerk abgestoßen. Aufgrund der Zündung gibt es einen riesigen Knall. Dann folgen die nächsten Triebwerke ...

Nach nur 37 Jahren nähern wir uns dem Stern. Wir können schon Funkkontakt aufnehmen. Die Lebewesen scheinen friedlich zu sein. Man glaubt es kaum, aber schon im 41. Jahr setzen wir frohen Mutes zur Landung an.

Die Sternbewohner, ihren Namen kennen wir noch nicht, erinnern uns an Roboter. Natürlich aus Höflichkeit, vielleicht auch ein bißchen aus Angst, passen wir uns all ihren Sitten an. Erst gibt es ein Begrüßungszeremoniell, dann führen sie uns in ihre Sternkantine zu einem Festbankett. Das Essen ist schon recht außergewöhnlich und sehr trocken. Aber einige von uns erkennen richtig, daß die Sternbewohner uns damit feierlich in ihren Sternnamen einweihen wollen, den sie aus Vorsicht nicht jedem Allbewohner verraten.

Einigen von uns sind die Sitten und Gebräuche der Sternbewohner dann doch zu anstrengend und sie wollen pünktlich am Montag wieder zu Hause sein. Nach einer herzlichen Verabschiedung fliegen wir zur Erde zurück. Unterwegs gibt es an Bord der Rakete noch erholsame Allsphärenmusik, die der Oberkapellmeister des Sterns extra für uns komponiert hat.

(Übrigens, wir sind an dem Wochenende nicht mehr nach Mallorca gekommen.)

Die Astronauten nehmen ersten Kontakt mit den Sternbewohnern auf.

Im Weltall

Kreisrunde
Start
Gummikapsel an den Punkt!
Zundung der Triebwerke
Schweben durch die Rakete
(auf Rollbrett)
Funkkontakt mit Sternbewohnern
„Tüt, tüt, tüt,..."
Begrüßung auf dem Stern
„Tagnau"
Gang zur Kantine
„pfeif"
„pfeif"
gemeinsames Essen (orale Stereognose)
ZUR KANTINE
Rückflug Entspannung in der Rakete
(Gummi an den Punkt)
IA

SPIELHANDLUNG	THERAPEUTISCHE BEDINGUNGEN	MEDIEN
Thema: Im Weltall Wir fliegen mit einer Rakete ins Weltall. Dort besuchen wir Lebewesen von einem anderen Stern.	fortlaufende Spielhandlung Kreisrunde: Thema und Spielregeln klären	 - mögliche Verkleidung: Fahrradhelme, Knieschoner, Handschuhe, evtl. Overalls
Start mit der Rakete: "Kapseln" in den Mund nehmen wegen des Druckausgleichs. Zündung: Jeder darf ein Triebwerk zünden.	-Übung: Gummiring mit Zunge an den „Punkt" halten (vgl. Glossar Seite 139!), alle liegen sternförmig im Kreis - Spiel mit Spatel (vgl. Seite 50f.): am Faden hängt Gewicht, Faden u. Gewicht auf die Zündplättchen fallen lassen, dabei breitbeinig stehen, Leiterin muß Sicherheit genau kontrollieren!	- Gummiringe - Spatel, Faden mit Gewicht (kl. Metall- oder Steinblock) - Triebwerk: Zündplättchen auf Steinfliese (Achtung: Brandgefährdung!), mehrere Zündplättchen sind jeweils nötig, damit auf jeden Fall 2- bis 3 mal getroffen wird
Unterwegs im All: Wir schweben durch die Rakete.	- weiterhin Gummi an „Punkt", die Kinder folgen den Anweisungen ohne Sprechen - mit Rollbrett oder nur mit Füßen in Rückenlage über den Boden bewegen	- Gummiring -evtl. Rollbretter
... endlich, wir haben Funkkontakt zu den Sternbewohnern. Wir sprechen kurz miteinander.	- Gummiring herausnehmen - Training der Alveolarlaute, mögl. Text an Bord: 3 x „Tüt, tüt, tüt, teilt tollen Ton mit" Sternleute: 3 x „ Laden ein auf Land, leben in leichter Luft, laßt Luftschiff landen!" (3x)	-Gummiring - günstig, nicht notwendig: Kinderhallmikrophon oder Recorder mit Mikro, der während des Sprechens laut gestellt werden kann - Hörcassette
Landung auf anderem Stern: Wir müssen uns erst an die Sitten der Sternbewohner gewöhnen: Wir begrüßen uns alle gegenseitig. Dann begleiten wir die Sternbewohner in ihre Sternkantine und passen uns ihrem Gang an (gerade wie Roboter und bei jedem Schritt geben sie einen Pfeifton ab). Verschlüsselte Botschaft im Essen: Darüber erfahren wir den Namen des Sterns, den uns vorher niemand verraten wollte.	- gemeinsam: 3 x schnalzen, 3 x Wangen plötzlich platzen lassen, 3 x „Tang, tang,Tangnau" rufen - kurzes, sich wiederholendes monotones Pfeifen (mit oder ohne Plastikpfeifen), im Takt zum Gang - Orale-Stereognose-Übung, gute Lesekenntnis als Voraussetzung, ansonsten müßte man mit Zeichen arbeiten, alle Buchstaben zusammen ergeben das Lösungswort (z. B. Pluto oder Saturn). Auf die Reihenfolge der Buchstaben bei der Ausgabe achten!	- evtl. Plastikpfeifen - jeweils einen Teller mit Buchstabennudeln (in richtiger Reihenfolge gereicht), (siehe Seite 64f.)
Wir fliegen nach einer herzlichen Verabschiedung (siehe Begrüßung!) wieder zurück zur Erde. Wir liegen in der Rakete halten die „Druckausgleichkapsel" im Mund und hören Allsphärenmusik.	- Entspannungsübung mit Gummi am „Punkt" (siehe Seite 138)	- Gummiring - z. B. Kraftwerk: „Kometenmelodie" (LP: „Autobahn")
	mögliche Hausaufgabe: - Orale-Stereognose-Übung: Buchstabennudeln mit der Zunge identifizieren - Schnalzübungen	

Mit dem Auto unterwegs zum Nürburgring

Spielhandlung ist hier eine gemeinsame Autotour zum Nürburgring (Hockenheimring o.a.).

Auf dem Weg dorthin müssen wir unsere Autos volltanken. Bei der Gelegenheit wischen wir auch mal kurz über die Autoscheiben.

Ausgerechnet heute muß auch noch ein Keilriemen reißen. Um weiterfahren zu können, müssen wir erst einmal den Keilriemen erneuern.

Natürlich gibt es auch zwischendurch eine Rast, bei der alle die Fahrtroute kontrollieren und ein kleines fruchtiges Häppchen (oder auch mehr) zu sich nehmen.

Der einen Autopanne folgt die nächste. Man sollte natürlich nie mit abgefahrenen Reifen losfahren! Die geplatzten Reifen müssen wir durch neue ersetzen.

Endlich am Nürburgring angekommen, freuen sich alle auf das gemeinsame Autorennen. Jeder darf sich einen Rennwagen mieten. Und los geht die rasante Fahrt ...!

Während die meisten Spielparts innerhalb der Gruppe einzeln durchgeführt werden, ist die Spielphase „Autorast“ als Partnerübung vorgesehen. In der Kreisrunde sollte schon zu Beginn die Partnerwahl festgelegt werden.

Das gesamte Spielthema kann auch ohne Mühe zu einem stationsorientierten Spiel umgebaut werden.

Aufgrund der Fachbegriffe ist das Spielthema erst für Kinder ab 8 Jahren geeignet, ansonsten sollten hier einfachere Begriffe und Inhalte gewählt werden.

Wir schauen unterwegs noch einmal auf die Karte und orientieren uns.

Mit dem Auto unterwegs zum Nürburgring

SPIELHANDLUNG	THERAPEUTISCHE BEDINGUNGEN	MEDIEN
Thema: Mit dem Auto unterwegs zum Nürburgring Nach einer ersten Besprechung unserer Fahrtroute fahren wir los.	fortlaufende Spielhandlung - Kreisrunde: Thema und Spielregeln klären - Knopfspiel (vgl. Seite 37): am Bindfaden befestigtes Auto soll so schwer zu ziehen sein, daß es der Belastungsgrenze der Lippenkraft des Kindes entspricht	- Knopfspiel (siehe Seite 37) - große Spielautos, evtl. mit Gewichten das Autogewicht erhöhen
Wir tanken das Auto an einer Tankstelle voll. Scheiben wischen	- Ansaugübung mit Strohhalm (Zapfschlauch) und Wasser (Benzin) - Lippenübung: die eingezogenen Lippen halten den Strohhalm mittig, jeweils seitliches Verschieben	- pro Kind 1 Zapfschlauch: Strohhalm, Zapfsäule : Glas oder viereckiges Gefäß mit Wasser ("Benzin") gefüllt - Tank des Autos: 2 kl. Filmdosen, ggf. große Dose - Strohhalm als Scheibenwischer (siehe Seite 71)
Wir fahren eine Strecke. Die Motor funktioniert nicht mehr. Ein Keilriemen ist gerissen. Wir setzen einen neuen Keilriemen ein.	- Übung zum Lippenringmuskel: Ziehen der Autos per Knopf (s.o.!) -Gummiring an den „Punkt" (siehe Seite 139), ständige Kontrolle durch Therapeutin ist hier sehr wichtig!	- Knopfspiel (vgl. Seite 37), Auto - Gummiring
Die Autofahrt geht weiter. Wir machen eine Rast und schauen auf die Autokarte, um zu sehen, woher wir fahren müssen. Wir benennen die Städte, durch die wir fahren. Wir trinken etwas und essen zur Erfrischung Obststücke aus dem Automaten. (Der Automat ist kaputt und wirft nicht das aus, was man drückt.) Danach geht's weiter.	- s.o.! Gummiring natürlich wieder herausnehmen! -Training der Alveolarlaute, dabei Zunge an den „Punkt" - Städtenamen beginnen mit einem bestimmten Alveolarlaut, wenn möglich den Kindern bekannte Namen, Phantasienamen sind z.T. auch motivierend - (Namen müssen ggf. individuell z. B. mit nur einem Alveolarlaut ausgesucht werden : Limbach - kleines Glas Wasser trinken (evtl. mit Gummiring trinken)(vgl. Seite 139) - Sensibilisierungsübung: kleine Stückchen Obst reichen und erraten lassen, wie es schmeckt und was es ist (Partnerübung!)	- alte Landkarte mit selbstmarkierter Wegstrecke - Städtenamen auf Karte mit Etiketten überkleben und neu beschriften - Städtenamen, Beispiel: **T**annenhof, **T**immendorf, **T**omatenstadt, **D**armstadt, **D**osenstadt, **S**iebenstadt, **S**uppenbach, **S**alzburg, **L**ahnstein, **L**appenhausen, **L**inz - kleines Glas Wasser - Obstautomat: Schuhkarton senkrecht gestellt mit eingeschnittenem Durchreicheschlitz für Obststücke (auf Teelöffel durchschieben)
Reifenpanne: Das Profil der Reifen ist abgefahren und wir wechseln die Reifen.	- Zungentraining: Die Oblaten mit der Zungenspitze aufnehmen, mit gestreckter Zunge Oblate jeweils an ein Rad (bzw. oberhalb davon) heften	- neue Räder: Eßpapier-Oblaten - Klebepunkte für Oblaten: Hafties (sollten zu Spielbeginn schon an Autos angebracht werden), Hafties müssen seitlich relativ weit oben angebracht werden
Zum Schluß, am Nürburgring angekommen, fahren wir ein Rennen mit Rennautos.	- Pusteübung: kleine leichte Plastikautos werden mit Strohhalm vorwärts gepustet. (ebener Untergrund!)	- kleinere Plastikautos, Strohhalm - auf Tapete oder anderem Papier markierte Rennbahn
	mögliche Hausaufgabe: Auto mit Knopfangel ziehen und in den Pausen Wasser trinken in kleinen Schlucken mit oder ohne Gummiring	

Das Geheimnis der Flaschenpost

Heute morgen sah ich (Spielleiterin) auf meinem Weg zur Arbeit per Zufall in den Bach (Teich, Fluß ...). Dort entdeckte ich eine Flasche und ärgerte mich schon über die Verschmutzung des Wassers. Aber dann fiel mir ein Stück Papier in der Flasche auf. Ich dachte direkt an eine Flaschenpost. So etwas gibt es doch eigentlich nur in Piraten- und Seemannsgeschichten, oder?

Ich habe auf jeden Fall die Flasche herausgefischt, um sie euch zu zeigen.

Auf dem alten zerissenen Blatt kann man folgendes entziffern:

„ Hallo, Ihr Fremden,
wenn Ihr das lest, bin ich schon tot. Die Pest hat mir den Tod gebracht. Rettet meinen Schatz! Die Würmer sollen meinen Schatz nicht zerstören. Macht Euch auf den Weg, aber faßt nichts mit den Händen an! Die Pest ist überall ...!!“

Will uns jemand hier für dumm verkaufen? Doch wir alle wollen uns auf das Abenteuer einlassen und nachforschen, was dahintersteckt.

Als erstes müssen wir wohl oder übel über das Meer segeln, um diese verfluchte Insel zu suchen. Nachdem wir alle in unserem Segelschiff sitzen, beginnt ein heftiger Sturm und treibt uns gut voran.

Die Sonne brennt inzwischen auf unser Hirn. Das Salzwasser ist ungenießbar, also müssen wir an unsere geringen Wasserreserven ran. Jeder darf nur ganz wenige kleine Schlucke trinken.

Plötzlich tauchen vor uns riesige Wellen auf, aus denen sich ein unglaubliches Seeungeheuer emporhebt. Voller Angst stoßen wir Rufe aus, um das Ungeheuer zu verscheuchen. Nach einiger Zeit klappt es, Gottseidank! Es taucht wieder unter.

Sollen wir wirklich weiter? Alle Matrosen rufen: „Ja!“. Die Insel ist immer noch nicht in Sicht - kein gutes Zeichen. Das Wasser geht zur Neige. Die Matrosen halten Ausschau. Da, endlich Land! Ist es eine Täuschung? Nein, es muß die langersehnte Insel sein.

Wir werfen Anker und kriechen mit unseren letzten Kräften auf die Insel. Dort gelangen wir an einen Tümpel mit Süßwasser. Doch im letzten Moment erkennen wir die Gefahr: grüne Inselwürmer liegen zwischen uns und dem Wasser. Mit unseren Harpunen erledigen wir sie. Der Hunger läßt uns diese Würmer verzehren.

Doch alle denken an die Warnung des durch die Pest Verstorbenen und fassen nichts mit den Händen an. In alter Seemannsweise ziehen wir die Würmer mit Hilfe der Lippen nach und nach in den Mund hinein. Kurze Zeit später, auf der Suche nach dem Schatz, finden wir unter einem Stein den Rest des für uns so wertvollen Papieres.

Verdammt, wir müssen noch einen Sumpf durchqueren. Das hat uns gerade noch gefehlt! Nur mühsam mit Hilfe von alten Brettern, die wir überall verstreut finden, bahnen wir uns nach und nach einen Weg.

Zuerst wird einigen, dann plötzlich allen übel. Waren die Würmer etwa auch pestverseucht? Wir nehmen ein medizinisches Antipestmittel zu uns. Es sind kleine Stäbe, die wir - laut Beipackzettel - sorgfältig kauen und schlucken sollen.

Da, nun sind wir an der laut Karte beschriebenen Stelle. Sollten wir wirklich einen Schatz finden oder hat jemand einen üblen Scherz mit uns getrieben?

Wir tragen langsam und vorsichtig den Erdboden ab. Nein, Ihr werdet es nicht glauben. Schon bald liegt eine echte, eine wirklich echte Schatzkiste vor unseren Nasen. Was drin ist? Tja, guckt selbst!

Die grünen Inselwürmer erledigen wir mit unseren Mundpfeilen!

Das Geheimnis der Flaschenpost

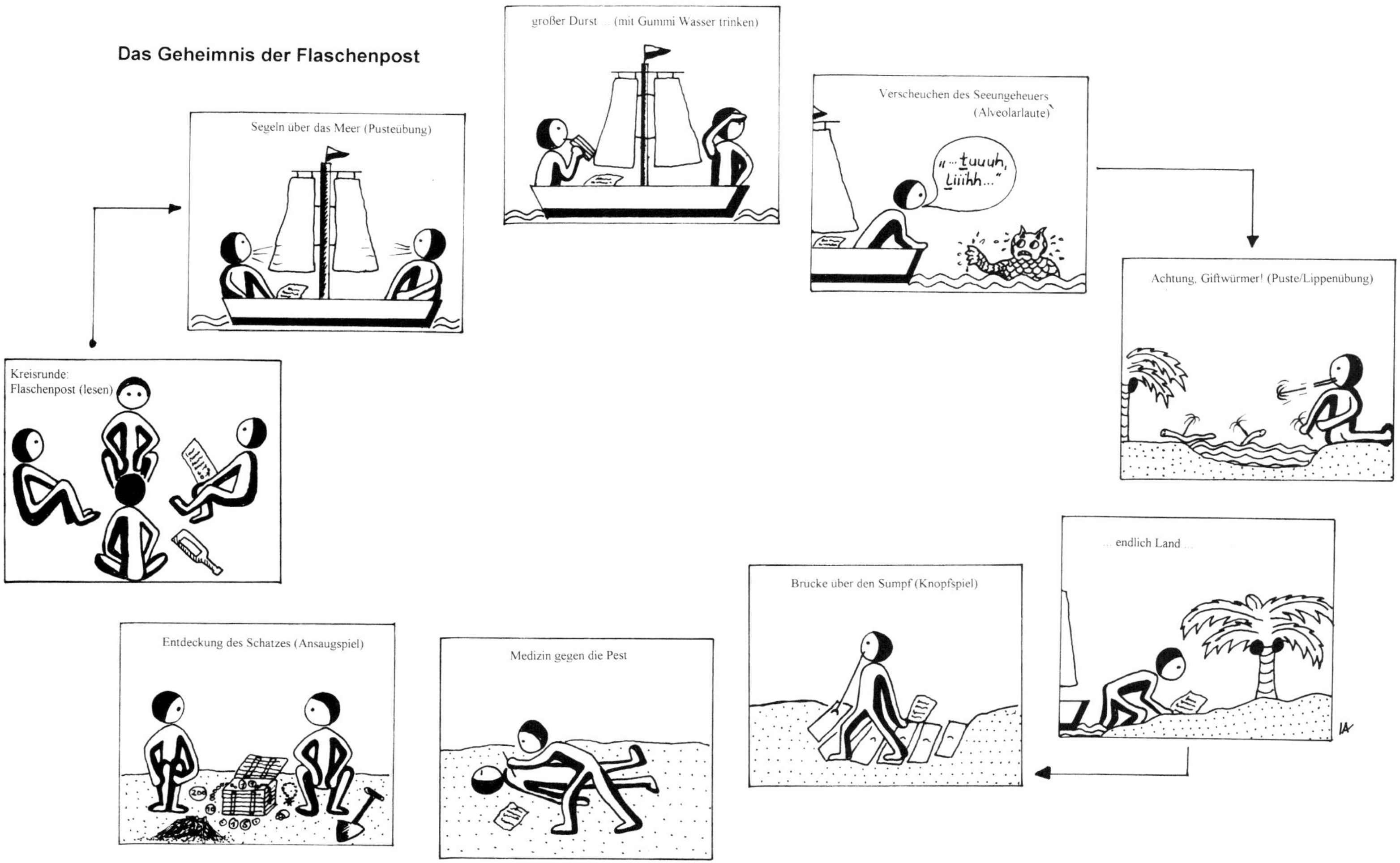

SPIELHANDLUNG	THERAPEUTISCHE BEDINGUNGEN	MEDIEN
Thema: Das Geheimnis der Flaschenpost Spielleiterin bringt nasse Flasche mit Flaschenpost mit. Sie ist heute morgen im See oder Bach gefunden worden (evtl. mit den Kindern an Gewässer gehen, falls vorhanden, und selbst finden lassen).	fortlaufende Spielhandlung - Kreisrunde: Thema und Spielregeln klären - Beim Einlegen der Flaschenpost darauf achten, daß die Kinder sie auch später wieder herausfischen können. - Es kann auch draußen gespielt werden.	- Flasche (z. B. Milchflasche) - darin eingelegt angekohlte, zerknitterte beschriftete Papierrolle, der untere Teil ist abgerissen und wird später gefunden
Die Kinder erkunden die Karte und lesen den Text, in dem vermerkt ist, daß ein an Pest verstorbener Mensch auf einen Schatz aufmerksam machen will, den er Jahrzehnte gehütet hat.	- Der Text darf nicht zu lang sein (oft leseschwache Kinder!). Jeder kann einen Satz evtl. mit Hilfen lesen. - Der Text bzw. das Papier ist noch nicht vollständig, damit Voreilige nicht den Spaß durch ihre Neugierde frühzeitig beenden.	- Text: siehe vorhergehende Geschichte!, darunter auf gleichem Blatt einenTeil einer alten Landkarte aufmalen, entsprechend der Raumaufteilung vor Ort gestalten (Zuerst darf nur der Teil bis zur Insel zu erkennen sein.)
Sie segeln über das Meer zu einer Insel. Die Kinder sitzen zu zweit nebeneinander in einem Schiff (auf dem Boden) und der Wind bläst in die Segel.	- Anweisung im Text, daß nichts mit den Händen berührt werden darf (wegen Gefahr der Pestverseuchung), also viel Mundarbeit Wind: Kinder blasen jeweils mit Strohhalm gegen ein Zeitungspapiersegel.	- Schiff: jeweils 2 Stühle nebeneinander, an denen jeweils ein kleiner Stab mit Seiden- oder Telefonbuch-papier als Segel mit Kreppband befestigt ist - anstelle der Stühle eignen sich noch besser Rollbretter - Strohhalm als Windrohr
Ein Seeungeheuer nähert sich dem Schiff. Sie verscheuchen es mit lautem „tuuuuhh, liiiihh"!	- Training der Alveolarlaute (vgl. seite78) - Ein Kind darf nach Anweisung das Ungeheuer spielen. - Ein anderes darf Wellen mit einer Plane erzeugen.	- Seeungeheuer: ein vorhandener Flugdrachen oder Nylonstrumpf als Gesichtsmaske - Wellen: dünne Plastikplane
Die Matrosen halten Ausschau nach der Insel. Sie haben von der brennenden Sonne großen Durst und trinken Wasser. Endlich Land in Sicht!	- Glas Wasser trinken (siehe Seite 139)	- Fernglas aus Klopapierrollen und Streichholzschachtel - Glas Wasser
Sie kriechen auf die Insel, weil sie so matt sind. Dort finden sie schnell einen Süßwassertümpel. Giftige Inselwürmer hindern sie am Trinken. Die Kinder erlegen die Würmer mit ihren Pustespießen und vertilgen sie sofort. Sie entdecken am Tümpel den fehlenden Teil der Karte.	- Pusteübung: Mit dem Strohhalm pusten die Kinder die Pustespieße in Richtung Weingummischlangen (vgl. Seite 46).	- Würmer: grüne Weingummischnüre - Strohhalm, Palmspießchen - abgerissener Rest der oben beschriebenen Karte (erst hier wird das weitere Vorgehen ersichtlich)
Die Kinder müssen durch einen Sumpf. Sie legen Bretter jeweils vor sich (eine Brücke), um nicht einzusinken. Alle helfen und legen etwa drei Bretter auf den Pfad. Dann gehen alle über den Sumpf.	- Braune Pappstücke werden an einer Schlaufe mit Strohhalm aufgehoben (vgl. Seite 42).	- dicke Kartonpappe (ca. 20 cm x 30 cm), in der Mitte klebt eine Schlaufe (z. B. schmales Papierband), die mit Klebefilm auf Pappe befestigt ist, durch die Schlaufe soll später der Strohhalm gesteckt werden
Den ersten wird übel. Sie sind durch die Würmer leicht von der Pest befallen. Alle müssen ein Antimittel einnehmen. Nur mit den „Salzstäben" kann die Gefahr gebannt werden.	- Salzstangen im Mund zerkleinern, zum Bolus sammeln und dann schlucken, nur mit dieser Technik kann die Pestgefahr gebannt werden (siehe Seite 139)	- Salzstäbe: Salzstangen
Die Kinder kommen an die Stelle, an der laut Karte der Schatz versteckt sein muß. Sie finden ihn tatsächlich und werden mit wertvollen Steinen, Zaubermuscheln, kostbaren Perlen belohnt.	- mit Strohhalm braunes Transparentpapier (Erde) ansaugen, dadurch wird der Schatz freigelegt - Kreisrunde und Verteilen des Schatzes	- braunes Seiden- oder Transparentpapier in Stücke gerissen (ca. 6 x 6 cm) - z. B. mit Goldpapier verkleideter Schuhkarton - Muscheln, Perlen, Steine, evtl. mit Gold besprüht, usw.
	mögliche Hausaufgabe: mit den Perlen Ansaugübungen oder Lippenübungen durchführen	

Jeder ist ein Künstler

Triebfeder dieser Spielidee ist die Selbstdarstellung. Kinder stellen gerne ihre Werkprodukte einem Publikum vor, da sie normalerweise stolz auf ihre Leistungen sind.

Voraussetzung ist hier natürlich, daß die Kinder ihre Werke erfolgreich (sei es schön oder lustig) in die Tat umsetzen können.

Im Bildbereich wurden technisch sehr einfache aber wirkungsvolle Verfahren gewählt. In den Bereichen Musik und Fotografie wird darauf gesetzt, daß das Endprodukt lustig ist. Der Bereich Artistik besticht durch seine einfachen, aber wirkungsvollen Körperfigurationen, die jeder ohne große Körpergeschicklichkeit mitgestalten kann.

Besonders wichtig ist, hier eine Atmosphäre zu schaffen, die je nachdem die spannenden oder unterhaltenden Aspekte unterstreicht. Dies erreicht man durch passende Musik, Raumverdunklung, punktueller Lichtsetzung und entsprechend spannender Ankündigung der Nummern.

Den jeweiligen Therapiegruppen entsprechend kann man auch eines der Themen herausgreifen und dazu mehrere Spielstationen im Sinne mundmotorischer Übungen entwickeln. Im Bereich Artistik könnte so eine Geschichte mit den „rollenden Zungenakrobaten“ entstehen.

Wie schon oben gesagt, ist der wichtigste Punkt dieser Übung die anschließende Präsentation vor dem Publikum. Die Fotografien und Malereien können in Form einer Dauerausstellung veröffentlicht werden. Die Akrobatiknummer und die Gesänge können einem Podium von Eltern, anderen Therapiegruppen, Klassen oder in einer Schülerversammlung vorgestellt werden.

Akrobatik mit allen Körperteilen, auch mit der Zunge

Große Leistung: Der Gummiring wird trotz Pyramidenbildung nicht verrutschen!

Jeder ist ein Künstler

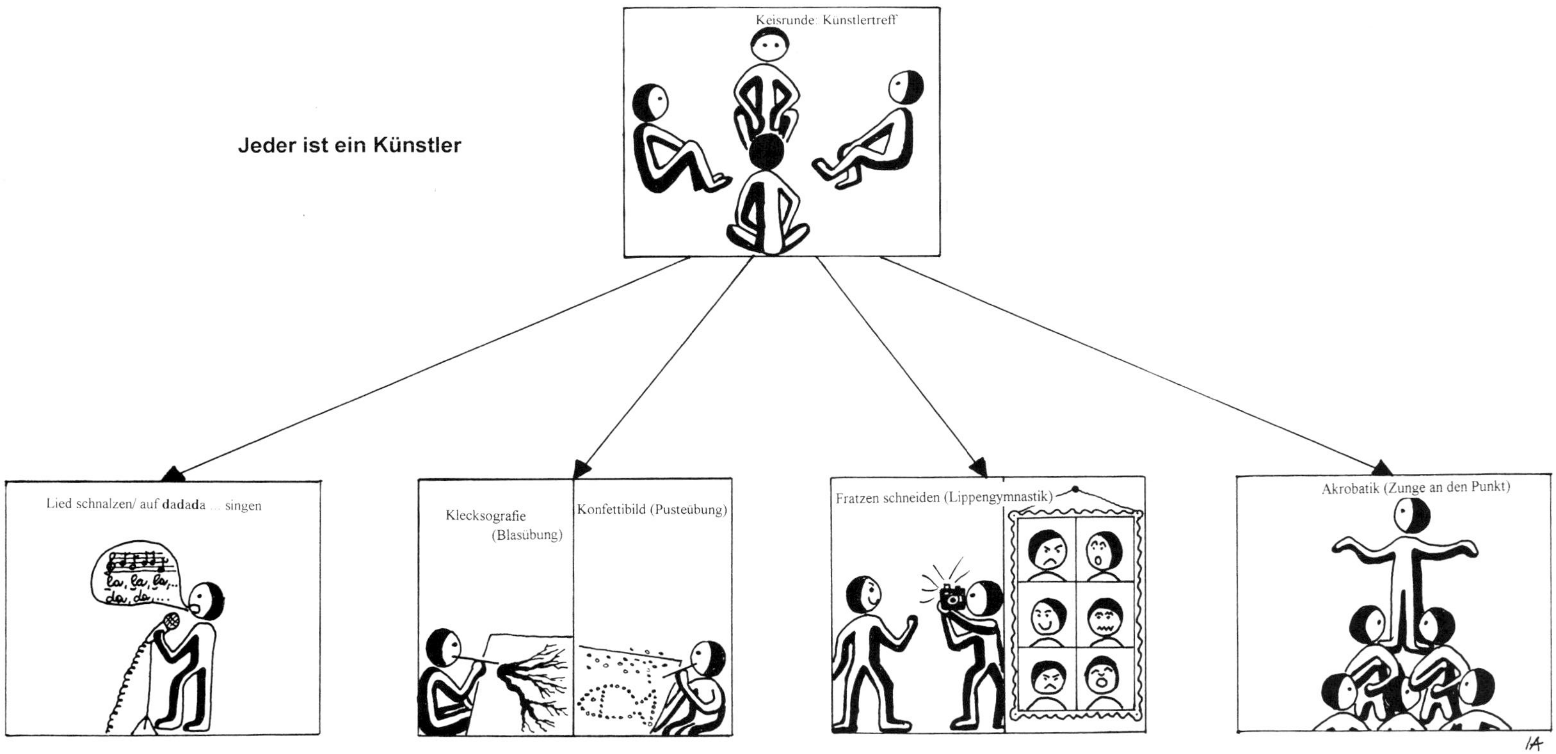

SPIELHANDLUNG	THERAPEUTISCHE BEDINGUNGEN	MEDIEN
Thema: Jeder ist ein Künstler Einführung im Künstlerkreis	stationsorientiertes Vorgehen (mit Ausnahme der Akrobatiknummer) - über lustige oder effektvolle Selbstdarstellung vor einem Podium mehr Motivation herstellen - Kreisrunde: Thema und Spielregeln klären	
Bereich Musik - Lied schnalzen und aufnehmen, auf **da da da** oder **la la la** oder **na na na** singen, evtl. Kanon	- Zunge an den „Punkt"! (vgl. Seite 139): Auf ständige Kontrolle der Zungenlage achten!	- kl. Tisch mit Cassettenrecorder incl. Cassette und Mikrophon ausstatten
Bereich Fotografie - Fratzen schneiden mit vorgegebenen Mundstellungsmöglichkeiten - Später werden alle Portraitfotos neben- und untereinander auf ein farbiges Tonpapier (Rahmen) geklebt.	- Mundstellungen üben (Kinder darauf hinweisen, daß sie ihre Position wie die Stars mehrmals üben müssen), evtl. erst einmal alle Grimassen durchprobieren (siehe Seite 19 und 82)	- kl. Ecke mit Stuhl und Kamerastativ einrichten (wie beim Fotografen) - auf ein DIN-A4-Blatt verschiedene Möglichkeiten der Grimassen skizzieren - Spiegel oder Handspiegel - Fotoapparat und Film, evtl. Stativ
Bereich Bilder ein Bild pusten: - mit Klebstoff eine Spur auf dem Papier ziehen und mit Konfetti bestreuen und anschließend Konfettis wegblasen und/ oder - auf Blatt Farbkleckse (flüssig!) setzen und mit dem Strohhalm verpusten - später die Kunstwerke auf Tonpapier rahmen	- Übung zum Blasen: s.o. - Pusteübung mit Strohhalm (vgl. Seite 54): Auf korrekte Luftstromführung achten!	- DIN-A3-Papier, Klebstoff, Konfetti - Blatt Papier, Wasserfarben, Strohhalm
Bereich Artistik - eine Statue mit der Gruppe bilden, diese wird fotografiert, „Ehrendenkmal" - in aufrechter, stolzer Pose - davon Foto mit geschlossenem Mund und Foto mit herausgestreckter Zunge - später evtl. Fotos als Kopie vergrößern	- während der Übung (z. B. artistische Pyramide) Gummiring an den „Punkt" (siehe Seite 139)	- Gummiringe, Fotoapparat
	Hausaufgaben passen nur schlecht zum künstlerischen Genie, vielleicht erfinden die Kinder eine Akrobatikübung für den einzelnen als mundmotorischer Übung	

C. Glossar

Bolus

Ein Speisebolus ist eine Ansammlung von einer im Mund zerkleinerten Speise, die auf dem hinteren Zungenkörper mittig gesammelt wird, bis es mit Hilfe des Unterdrucks beim Senken der Zunge zum Schluckreflex kommt.

Dehnung des Zungenbändchens

Bei verkürztem Zungenbändchen (Frenulum linguae) kann duch gezielte Dehnungsübungen des Frenulums die Zungenbeweglichkeit nach oben hin vergrößert werden.

Hyperventilation

Hyperventilation kann durch eine Überversorgung mit Sauerstoff eintreten. Der Körper reagiert mit einem Kribbeln in den Händen oder Sehstörungen (z.B. „schwarz vor den Augen"). Bei einer Hyperventilation sollte sofort die Hand vor den Mund gelegt werden, um die verbrauchte Luft wieder einzuatmen.

MFT - Myofunktionelle Therapie

Diese Therapieform hat die Herstellung eines korrekten Schluckmusters und eine Wiederherstellung des orofazialen Muskelgleichgewichts zum Ziel. Ihre Anfangsformen reichen bis zum Beginn dieses Jahrhunderts zurück. Ursprünglich von Kieferorthopäden entwickelt wird sie in verschiedensten Formen von allen Berufsgruppen, die mit sprachauffälligen Menschen arbeiten, angewandt.

Garliner

Daniel Garliner, Präsident des „Institute for Myofunctional Therapy" in Coral Gables/Florida, hat die Myofunktionelle Therapie in Europa populär gemacht.

Gummiring als Übungsmittel der MFT

Der Gummiring wird in der Mitte auf die Zungenspitze gelegt (es darf ein wenig darüber hinausragen). Dann bewegt sich die Zunge in Richtung Gaumen. Die Zungenspitze findet ihren Haltepunkt an der Papilla Incisiva - dem „Punkt". Der Gummiring wird mit leichtem Druck am Punkt gehalten. Dabei saugt sich die gesamte Zunge an den Gaumen (für Kinder: wie beim /n/ sagen). Sinn und Zweck der Übung ist das Training der korrekten Zungenruhelage und eines korrekten Schluckmusters.

Der Gummiring hat eine Stärke von ca. 1 mm und einen Durchmesser von 1 cm. Er wird normalerweise in der Kieferorthopädie als orthodontisches Gummi verwendet. Garliner benutzt diese Gummiringe in dem von ihm entwickelten Schluckprogramm.

Die Gummiringe gibt es in unterschiedlichen Farben. Sie werden aus Naturkautschuk hergestellt und sind nicht gesundheitsschädlich. Erhältlich sind sie bei einem Spezialversand für myofunktionelles Arbeitsmaterial. Der Gummiring kann auch durch kleine Stückchen Eßpapier (ca. 7 x 7 mm) ersetzt werden (siehe Seite 72).

Mit Gummi schlucken

Der Gummiring wird wie oben beschrieben auf die Zungenspitze gelegt. Zu Beginn der Übungsreihe kann man mit einer Einwegspritze ein wenig Wasser in eine der Wangentaschen spritzen. Später wird ein kleiner Schluck Wasser aus einem Glas genommen. Das Kind legt die Zunge wie oben beschrieben an den Punkt. Dann schlürft es und zieht damit das Wasser weiter ins Mundinnere auf die Zunge und schluckt. Nach dem Schlucken darf der Gummiring nicht verschoben sein. Während der gesamten Übung sind die Lippen geöffnet, so daß die Therapeutin den Vorgang kontrollieren und ggf. korrigieren kann. Später wird das Schlürfen beim Training langsam wieder abgebaut.

Mit Gummi essen

Eine Salzstange wird im Mund kleingekaut. Der Brei wird als Speisebolus auf dem mittleren bis hinteren Teil der Zunge gesammelt. Das Gummi wird wie oben beschrieben eingesetzt. Die Zunge legt sich an den Punkt. Es wird geschluckt. Nach dem Schlucken sollte das Gummi an seinem ursprünglichen Ort liegen. Die Zunge sollte frei von Speiseresten sein.

Orale Stereognose

Darunter versteht man die Fähigkeit der Zunge, Objekte im Mundraum zu erkennen bzw. zu unterscheiden (also dreidimensional wahrzunehmen). Die orale Stereognose ist die psycho-physiologische Grundlage des Kauens, Schluckens und der Artikulation (vgl. Vevi Hahn, 1988). Mit neun Testkörpern (von Dahan entwickelt) kann diese Fähigkeit überprüft werden.

Zunge an den „Punkt“ - oder korrekte Zungenruhelage

Der vordere Teil der Zunge legt sich locker an den Teil des Gaumens an, der hinter den Schneidezähnen (Incisivae) liegt. Dort ist eine leicht gewellte Struktur (Rugae), spürbar. Direkt am Anfang dieser Struktur (Pappilla incisiva), auf der Mittellinie, ist genau der Punkt, an den sich der vordere Teil der Zunge genau anlegt. Man kann auch sagen, daß er ca. 1 cm hinter den oberen Schneidezähnen liegt.

VI. Anhang

ZIELE / Name des Spiels	Massage	Lippenlied	Lippengymnastik I	Lippengymnastik II	Lippenversteck	Häschen	Sprengen	Lippenliederraten	Gegensätze	Donald Duck	Schnäbeln	Clown	Schönheitssalon	Schleckermaul	Summen	Küßchen	Wer kann das?	Lippenstrecken	Chinesisch	Zähnezeigen	Lippendruck	Wangenaufblasen	Schmatzen	Vorgestülpte Lippen	Oberlippe locken	Alt-Opa-Sprache	Ur-Oma-Sprache	Familie Schiefmaul	Grundübung	Knopfhalten	Flaschengeist
Lippenkontakt	X	X	X	X	X	X	X	X	X	X					X	X	X		X			X	X	X				X	X	X	X
Anbahnung des Mundschlusses	X	X				X	X	X	X	X					X	X	X		X			X	X		X			X	X	X	X
Dauerhafter Mundschluß (in der Übungssituation)															X														X	X	X
Aktivierung der Nasenatmung	X					X				X	X	X			X							X	X		X			X	X	X	X
Sensibilisierung der mimischen Muskulatur	X	X	X	X	X	X	X	X	X	X	X	X	X	X		X	X	X	X			X		X	X	X	X	X			
Sensibilisierung des intraoralen Raumes					X																	X									
Motilität des M. orbicularis oris u.a.		X	X	X	X	X	X	X		X	X	X		X		X	X		X	X	X	X	X	X	X	X	X	X			
Kräftigung des M. orbicularis oris u.a.											X	X						X		X	X	X	X	X	X	X		X	X		X
Motilität der Kaumuskulatur										X								X													
Kräftigung der Kaumuskulatur																															
Aktivierung des weichen Gaumens																			X			X									
Aktivierung der Rachenmuskulatur																															
Aktivierung der Mundbodenmuskulatur																															
Motilität der Zungenmuskulatur														X																	
Kräftigung der Zungenmuskulatur																													X		
Anbahnung des Zungenruhepunktes																															
Übung zur oralen Stereognose																															
Vorbereitende Übung zur MFT (Myofunktionelle Therapie)																					X			X	X		X		X	X	
Gesamtkörperlicher Spannungsaufbau																			X										X		

ZIELE / Name des Spiels	Kegeln	Tauziehen	Knopf mit Gummi	Knopfangel	Seilzug	Versteckte Ladung	Gewichtheben	Kranspiel	Strohhalmhalten	Strohhalm-Angel	Körbchen heben und tragen	Strohhalmkampf	Strohhalmhockey	Saugpuzzle	Ansaugspiel	Streichholzschachtel-Memory	Anziehpuppe	Schattenspiel	Autorennen	Palmenschießen	Vogelkäfig	Strohhalmboccia	Friedenspfeife	Spatelhalten	Spatelkampf	Spatelwippen	Spatelspiel	Lange Mundangel	Schnäuzer	Weingummi
Lippenkontakt	X	X	X	X	X	X	X	X		X	X	X	X											X	X	X	X	X	X	
Anbahnung des Mundschlusses	X	X	X	X	X	X	X	X	X	X	X	X	X											X	X	X	X	X		
Dauerhafter Mundschluß (in der Übungssituation)	X			X		X			X	X	X													X				X		
Aktivierung der Nasenatmung	X	X	X	X	X	X	X	X	X	X	X	X	X	X	X	X	X	X	X		X			X	X	X	X	X	X	
Sensibilisierung der mimischen Muskulatur																														
Sensibilisierung des intraoralen Raumes																														
Motilität des M. orbicularis oris u.a.																										X	X		X	X
Kräftigung des M. orbicularis oris u.a.		X	X		X	X	X	X			X														X	X	X	X	X	X
Motilität der Kaumuskulatur																										X	X			
Kräftigung der Kaumuskulatur																														
Aktivierung des weichen Gaumens														X	X	X	X	X	X		X									
Aktivierung der Rachenmuskulatur																														
Aktivierung der Mundbodenmuskulatur																														
Motilität der Zungenmuskulatur																				X		X								
Kräftigung der Zungenmuskulatur		X			X	X	X	X						X	X	X	X	X	X		X		X							X
Anbahnung des Zungenruhepunktes																														
Übung zur oralen Stereognose																														
Vorbereitende Übung zur MFT (Myofunktionellen Therapie)		X	X		X	X	X	X																						
Gesamtkörperlicher Spannungsaufbau		X	X			X	X	X						X	X	X	X	X	X	X	X	X	X							

ZIELE / Name des Spiels	LUM-Spiel	Festhalten	Strohhalmkette	Konfettibilder	Federschaukel	Torepusten	Geräuschgeschichten	Fleißige Zunge	Zähneputzen	Tippen	Schmecken	Mundkimspiele	Rettungsring-Tunnel-Knochen	Formen erraten	Zungenmalen	Punkteraten	Zungengymnastik I	Zungengymnastik II	Zungengymnastik III	Zungenscheibenwischer	Schaukel	Welle	Zungenrutsche	Zungenwendsprache	Schnalzliederraten	Im Zungenhimmel	Schnalzwürfel	Zungensprache	Ohne-Zungen-Sprache	Fernsteuerung	Zungenangel
Lippenkontakt		X																												X	
Anbahnung des Mundschlusses		X																												X	
Dauerhafter Mundschluß (in der Übungssituation)																															
Aktivierung der Nasenatmung		X																												X	
Sensibilisierung der mimischen Muskulatur																															
Sensibilisierung des intraoralen Raumes							X	X	X	X	X	X	X	X	X	X		X													
Motilität des M. orbicularis oris u.a.	X		X	X	X	X																									
Kräftigung des M. orbicularis oris u.a.	X	X	X	X	X	X																									
Motilität der Kaumuskulatur																								X					X		
Kräftigung der Kaumuskulatur																								X							
Aktivierung des weichen Gaumens							X														X	X	X						X		
Aktivierung der Rachenmuskulatur																															
Aktivierung der Mundbodenmuskulatur							X	X	X	X	X	X	X	X			X	X	X	X	X	X	X	X	X	X	X	X		X	X
Motilität der Zungenmuskulatur							X	X	X	X		X	X	X	X		X	X	X	X	X	X	X	X	X	X	X	X		X	X
Kräftigung der Zungenmuskulatur	X		X	X	X	X	X	X	X								X		X	X	X	X	X	X	X	X	X	X		X	X
Anbahnung des Zungenruhepunktes	X									X									X			X	X					X			
Übung zur oralen Stereognose									X	X	X	X	X	X		X															
Vorbereitende Übung zur MFT (Myofunktionellen Therapie)	X							X		X		X	X	X			X		X		X	X	X		X	X	X				
Gesamtkörperlicher Spannungsaufbau			X	X	X	X																									

ZIELE

Name des Spiels	Lippenkontakt	Anbahnung des Mundschlusses	Dauerhafter Mundschluß (in der Übungssituation)	Aktivierung der Nasenatmung	Sensibilisierung der mimischen Muskulatur	Sensibilisierung des intraoralen Raumes	Motilität des M. orbicularis oris u.a.	Kräftigung des M. orbicularis oris u.a.	Motilität der Kaumuskulatur	Kräftigung der Kaumuskulatur	Aktivierung des weichen Gaumens	Aktivierung der Rachenmuskulatur	Aktivierung der Mundbodenmuskulatur	Motilität der Zungenmuskulatur	Kräftigung der Zungenmuskulatur	Anbahnung des Zungenruhepunktes	Übung zur oralen Stereognose	Vorbereitende Übung zur MFT (Myofunktionelle Therapie)	Gesamtkörperlicher Spannungsaufbau
Kran													X	X	X				
Zaubern						X					X		X	X	X	X	X	X	
Haselnüsse						X							X	X	X		X		
Zungenkampf													X	X	X			X	X
Tablett													X	X	X		X		
Schnurrbart													X	X	X				
Zungenwickel											X		X	X	X		X		
Streuselessen													X	X	X		X	X	
Weites Öffnen des Kiefers									X										
Fischmaul									X										
Gähnübung									X		X	X							
Mund öffnen	X	X							X		X	X							
Mund öffnen und schließen	X	X							X		X	X							
Weiche Kaubewegungen	X			X			X	X	X	X									
Imaginäres Kaugummi	X		X	X					X	X									
Theatralisches Kauen	X	X	X	X	X				X	X									
Klapperbewegungen									X										
Schnelle Kieferbewegungen									X										
Geöffneter Kiefer									X	X									
Kreisen mit dem Kiefer	X	X		X					X	X									
Vorgeschobener Unterkiefer	X	X		X					X	X									
Affenmaul	X	X						X	X	X			X	X					
Kiefergelenkabklopfen	X	X		X															
Kiefergelenkstreicheln	X	X		X	X														
Kiefergelenkvereisen	X	X		X	X														
Bergkristallmassage					X														
Zähne zusammenbeißen	X	X		X						X								X	
Zähnezusammenbeiß-Sprache							X			X								X	X
Zählen							X			X								X	X
Kau-Schlauch									X	X								X	
Korkensprechen							X			X			X	X					

ZIELE / Name des Spiels	Hund und Knochen	Spatelsprache	Kaugummikauen	Kräftiges Gähnen	Höflichkeitsgähnen	Hauchen	Dicke Wangen	Luft in die Wangen pressen	Wangenaufblasen	Schnarchen	Schnarchen und Ausatmen	/K/-Sprechen	Stimmlose Reibegeräusche	Fauchen	Räuspern	Gurgeln	Saugspiele	Ng-ng	Menschenfressersprache	Eingeborenensprache	/A/-Flüstern	"Hä"-Flüstern	Kraftvolle Gaumengymnastik	Zäpfchen-oder Rachen-/R/	Lachen mit ha-ha	Ansaugen und Halten	Spiele mit div. Saugmaterialien	Blasübungen	Luftballon aufblasen	Blasinstrumente
Lippenkontakt			X					X	X																					
Anbahnung des Mundschlusses			X																											
Dauerhafter Mundschluß (in der Übungssituation)																	X													
Aktivierung der Nasenatmung			X																											
Sensibilisierung der mimischen Muskulatur																														
Sensibilisierung des intraoralen Raumes			X																											
Motilität des M. orbicularis oris u.a.		X																					X					X	X	X
Kräftigung des M. orbicularis oris u.a.							X	X	X																			X	X	X
Motilität der Kaumuskulatur			X	X	X		X	X	X	X	X								X	X					X					
Kräftigung der Kaumuskulatur	X	X	X																											
Aktivierung des weichen Gaumens				X	X	X	X	X		X	X	X	X	X	X	X	X	X	X	X	X	X	X	X	X	X	X			
Aktivierung der Rachenmuskulatur				X	X	X	X	X		X	X		X	X	X	X					X	X	X	X	X	X	X			
Aktivierung der Mundbodenmuskulatur				X	X				X																					
Motilität der Zungenmuskulatur		X										X											X							
Kräftigung der Zungenmuskulatur																	X	X	X	X						X	X	X	X	X
Anbahnung des Zungenruhepunktes												X																		
Übung zur oralen Stereognose			X																											
Vorbereitende Übung zur MFT (Myofunktionelle Therapie)																														
Gesamtkörperlicher Spannungsaufbau	X			X								X					X		X	X	X		X		X	X	X	X	X	X

Literatur

Bahnemann, F.: Mundatmung als Krankheitsfaktor, in: Fortschritte der Kieferorthopädie, 40 (1979), S. 117-136, S. 271-228, S. 321-344

Bartolome, G. u. a.: Diagnostik und Therapie neurologisch bedingter Schluckstörungen, Stuttgart 1993, G. Fischer Verlag

Barrett, R. H. / Hanson, M. L.: Oral Myofunctional Disorders, Saint Louis 1973

Becker / Naumann / Pfaltz: HNO-Heilkunde, Stuttgart 1982, Thieme Verlag

Berndsen, K.-J. u. S.: Neuromotorische Koordinationsstörungen und ihre Auswirkungen auf die orofaciale Muskulatur, 1991, P. Lang Verlag

Bigenzahn, W.: Orofaziale Dysfunktionen im Kindesalter, Stuttgart 1995, Thieme Verlag

Bigenzahn, W.: Myofunktionelle Störungen der Orofazialregion - Klinische Symptome und ätiologische Faktoren, in: Sprache, Stimme, Gehör 19 (1995), S. 114-117

Bolten, M. A.: Unveröffentlichtes Material (1989)

Breitwieser, H. G.: Therapeutische Möglichkeiten bei myofunktionellen Störungen, in: G. Kittel (Hrsg.): Phoniatrie und Pädaudiologie, S. 131-141, Köln 1989, Dt. Ärzteverlag

Broich, I.: Mundraum-Seele und Sprache, Heidelberg 1992, Hüthig Verlag

Burhop, U. u. a.: Mundmotorische Förderung in der Gruppe, München 1995, Reinhardt Verlag

Castillo-Morales, R.: Die Orofaciale Regulationstherapie, München 1991, Pflaum Verlag

Castillo-Morales, R. / Limbrock, G.: Orofaciale Regulationstherapie bei Kau-, Schluck- und Sprechstörungen behinderter Kinder, in: Die Sprachheilarbeit 31 (1986), S. 231-240

Clausnitzer, R. u. V.: Zusammenhänge zwischen Sigmatismen, fehlerhaftem Schluckmodus und Zahn- und Kieferstellungsanomalien, in: Die Sprachheilarbeit 36 (1991), S. 14-17

Clausnitzer, R. u. V.: Altersabhängige Häufigkeitsverteilung von Dysfunktionen bei Kindern mit Gebißanomalien und Kindern mit normalen Gebissen, in: Die Sprachheilarbeit 38 (1993), S. 44-47

Codoni, S.: Ganzheitlich orientierte Sprachheilarbeit auf der Basis neuerer physiologischer Konzepte, in: Die Sprachheilarbeit 40, (1995), S. 271-278

Dahan, J.: Orale Stereognose und neuromuskuläre Dynamik des Kausystems, in: Fortschritte der Kieferorthopädie 42 (1981), S. 233-246

Dahan, J.: Orale Wahrnehmung und Motorik, in: Fortschritte der Kieferorthopädie 46 (1985), S. 442-460

Dahms / Jäger: Motorik und Sprache, Limburg 1978

Faller, A.: Der Körper des Menschen, Stuttgart 1987, Thieme Verlag

Fleischer-Peters, A. / Scholz, U.: Psychologie und Psychosomatik in der Kieferorthopädie, München 1985, Hanser Verlag

Freiesleben, D.: Die Myofunktionelle Therapie als unterstützende Maßnahme in der Sprachtherapie, in: Die Sprachheilarbeit 35 (1990), S. 23-29

Freiesleben, D., Helms, P.: Myofunktionelle Therapie bei orofacialen Dyskinesien, Kongreßberichte, Frankfurt 1994, P. Lang Verlag

Freiesleben, D., Hahn, V.: Grundlagen und Praxis der Myofunktionellen Therapie unter besonderer Berücksichtigung des Einsatzes in der pädagogischen Sprachtherapie, in: Sprache, Stimme, Gehör 19 (1995), S. 118-125

Garliner, D.: Myofunktionelle Therapie in der Praxis, München 1982

Garliner, D.: Myofunktionelle Diagnose und Therapie der gestörten Gesichtsmuskulatur, München 1980, Verlag zahnärztlich-medizinisches Schrifttum

Grohnfeldt, M. (Hrsg.): Handbuch der Sprachtherapie - Störungen der Aussprache Bd. 2, Berlin 1990, Marhold Verlag

Hahn, V.: Myofunktionelle Therapie, München 1988, Profil Verlag

Hansson, T. u. a.: Funktionsstörungen im Kausystem, Heidelberg 1990, Hüthig Verlag

Hansson, T. u. a.: Physiotherapie bei craniomandibulären Funktionsstörungen, Berlin 1993

Kittel, A. M., Jenatschke, F.: Myofunktionelle Therapie (MFT) bei Dysfunktionen der Zungen-, Kiefer- und Gesichtsmuskulatur, in: Sprache, Stimme, Gehör 8 (1984), S. 13- 16

Lleras, B.: Tasten, Schmecken, Riechen, in: L.O.G.O.S. interdisziplinär 1 (1993), S. 32-34

Mertensmeier, I.: Wenn Kinder dicke Backen haben, in: L.O.G.O.S. interdisziplinär 1 (1993), S. 29-31

Middeldorf, V.: Zungenpressen (tongue thrust) - Was steckt dahinter? in: M. Grohnfeldt (Hrsg.): Handbuch der Sprachtherapie, Bd. 2: Störungen der Aussprache, Berlin 1990, S. 43-105

Padovan, B.: Unveröffentlichtes Material (1996)

Platzer, W.: Bewegungsapparat, Stuttgart 1979, Thieme Verlag

Pörnbacher, G.: Aufbau der Mundmotorik im Rahmen des 'Neuro-Entwicklungsphysiologischen Aufbaus nach Pörnbacher', in: Geistige Behinderung (1988)

Rohen, J. W.: Funktionelle Anatomie des Menschen, 3. Auflage, Stuttart 1977, Schattauer Verlag

Schalch, F.: Schluckstörungen und Gesichtslähmung, 3. Auflage, Stuttgart 1992, Fischer Verlag

Schubert, F.: Fachkunde für Zahnarzthelferinnen, Duisburg 1990, Libromed Verlag

Schwitzer, P.: Orthodonie, Olten 1976; Bezugsquelle: Hans Balmer AG, Agentur f. Werbung u. Public Relations, Leberngasse 21, CH-4600 Olten

Seiring, U.: Sonderseminar 'Neuromotorische Entwicklungstherapie nach Prof. R. Castillo-Morales', in: Zeitschrift für Krankengymnastik (KG) 33 (1981), Heft 11

Sobotta/Becker: Atlas der Anatomie des Menschen, Bd. I u. III, München 1973

Sprachheilpädagoge 6, Der(1989), Heft 2, Österreichische Gesellschaft für Sprachheilpädagogik

Steiner, J., Struck, V.: MFT-Diagnostikbogen, Leverkusen 1990, Steiner Verlag

Thiele, E., Clausnitzer, R., Clausnitzer, V.: Myofunktionelle Therapie aus sprechwissenschaftlicher und kieferorthopädischer Sicht, Heidelberg 1992, Hüthig Verlag

Thiele, E.: Myofunktionelle Therapie in der Anwendung, Heidelberg 1992, Hüthig Verlag

Treuenfels v., H.: Orofaciale Dyskinesien als Ausdruck einer gestörten Wechselbeziehung von Atmung, Verdauung und Bewegung, in: Fortschritte der Kieferorthopädie 46 (1985), S. 191-206

Waldeyer, A.: Anatomie des Menschen, Bd. II, Berlin 1975

Bücher und Material für die Praxis

Bensinger, S.: Mundschluß- und Speichelflußkontrolle bei geistig behinderten Kindern und Jugendlichen 2. Aufl., Bonn 1989, Reha Verlag

Broich, I.: Das Mundorgan: Wesen, Bedeutung, Krankheit, Diagnose und Therapie, Heidelberg 1988, Haug Verlag

Hermann, M.: Spiele zur Sprachtherapie, Weinheim 1986, Verlag gruppenpädagogischer Literatur

Holtz, A.: Fingerflohmarkt und Zungenbazar, Ulm 1989, Kinders Verlag

Holtz, A.: 1. Ulmer Mumo-Theater, Ulm 1990, Kinders Verlag

Gollwitz, G.: Sprechspiele für Näsler, Regensburg 1987, Selbstverlag

Franke, U.: Artikulationstherapie bei Vorschulkindern, München 1987, Reinhardt Verlag

Pirnay, L.: Kindgemäße Entspannung II, Praxisbuch - nicht nur für den Schulalltag, 1993, Holsterpark 47, B-4731 Lichtenbusch (Belgien)

Struck, V.: Die Sprechwerkzeugkiste - 50 Mundmuskelspiele zur Vorbereitung von Artikulationstherapie und MFT, Leverkusen 1990, Steiner Verlag (vergriffen)

Thiele, E.: Vom Zungenkämpfer zum Schluckmeister, München 1988, Dinauer Verlag

Winnicki, A., Vidal, A.: Das Lach- und Zähnebuch, C. Dolto-Folotch (Hrsg.), Köln 1989, VGS (vergriffen)

Raum für Notizen:

Raum für Notizen:

Ihre Praxis ist unser Programm!

Ute Haffner
„Gut reden kann ich"
Das Entwicklungsproximale Konzept in der Praxis – Eine Falldarstellung
1995, 208 S., Format 16x23cm, br
ISBN 3-8080-0347-2,
Bestell-Nr. 1903, DM 38,00

Iris Adams / Veronika Struck / Monika Tillmanns-Karus
Kunterbunt rund um den Mund
Materialsammlung für die mundmotorische Übungsbehandlung
1996, 152 S., über 50 Fotos, Format 17x24cm, Ringbindung,
ISBN 3-8080-0365-0,
Bestell-Nr. 1905, DM 44,00

Deutsche Gesellschaft für Sprachheilpädagogik (dgs) Hrsg.
Redaktion Wolfgang Scheuermann
Einrichtungen für Sprachbehinderte in der Bundesrepublik Deutschland
Eine Übersicht
1995, VI/214 S., Format DIN A 5, br
ISBN 3-8080-0343-X,
Bestell-Nr. 1902, DM 19,80

Wolfram Ziegler / Marion Jaeger
Materialien zur Sprechapraxietherapie
Wortlisten mit 2400 ein- bis viersilbigen Wörtern und Verwendungsleitfaden.
1993, 40 S., DIN A 4, geh,
ISBN 3-86145-046-1,
Bestell-Nr. 8511, DM 29,80

Manfred Grohnfeldt (Hrsg.)
Lebenslaufstudien und Sprachheilpädagogik
Grundlagen und Beispiele einzelfallorientierten Vorgehens
1996, 256 S., Format 16x23cm, br
ISBN 3-8080-0366-9,
Bestell-Nr. 1906, DM 39,80

Gisela Röttgen
Spielerlebnisse zum handelnden Spracherwerb
2., durchges. Aufl. 1995, 140 S., mit 18 Tierbildern als Kopiervorlagen, Format DIN A 4, Ringbindung, ISBN 3-86145-105-0,
Bestell-Nr. 8510, DM 38,00

Dolores Claros Salinas
Texte verstehen
Materialien für Diagnostik und Therapie
1993, *Grundausgabe:* Manual 24 S. und Material (4 Blocks à 53 Blatt), Format A4,
ISBN 3-86145-048-8,
Bestell-Nr. 8513, DM 69,80
Einzelner Materialblock zum *Nachkaufen:*
ISBN 3-86145-054-2,
Bestell-Nr. 8515, DM 17,80

Heidrun Schröter-Morasch
Anamnesebogen zur klinischen Erfassung von Schluckstörungen nach Hirnverletzungen
Manual
1994, 28 S., DIN A 4, geh,
ISBN 3-86145-067-4,
Bestell-Nr. 8517, DM 19,80
Fragebögen
- Verlauf, Status, Empfehlungen (a), 2 Seiten A4
- Patientenbefragung (b), 4 Seiten A4

a+b nur zusammen als Satz à je 10 Stk
Bestell-Nr. 8532, DM 19,80

NEU ab 1.1.96: 48-Stunden Lieferservice – portofrei durch:

verlag modernes lernen borgmann publishing
Hohe Straße 39 • D - 44139 Dortmund • ☎ (0180) 534 01 30 • FAX (0180) 534 01 20